5단계A 완성 스케줄표

공부한 날		주	일	학습 내용
월	일	**1**주	도입	이번 주에는 무엇을 공부할까?
			1일	도형 암호
월	일		2일	목표수 만들기
월	일		3일	거꾸로 계산하기
월	일		4일	배수 판정법
			5일	모르는 수 구하기
월	일		특강 / 평가	창의·융합·코딩 / 누구나 100점 테스트
월	일	**2**주	도입	이번 주에는 무엇을 공부할까?
			1일	생활 속 공배수의 활용
월	일		2일	암호 해독하기
월	일		3일	요술 상자 규칙 찾기
월	일		4일	곱셈표를 이용하여 크기가 같은 분수 만들기
월	일		5일	약분과 분수의 관계
			특강 / 평가	창의·융합·코딩 / 누구나 100점 테스트
월	일	**3**주	도입	이번 주에는 무엇을 공부할까?
			1일	통분하기 전의 기약분수 구하기
월	일		2일	수 카드로 만든 분수의 크기 비교
월	일		3일	일한 양 구하기
월	일		4일	조건에 맞게 분수 계산하기
월	일		5일	모르는 수 구하기
			특강 / 평가	창의·융합·코딩 / 누구나 100점 테스트
월	일	**4**주	도입	이번 주에는 무엇을 공부할까?
			1일	무게 구하기
월	일		2일	길이 또는 거리 구하기
월	일		3일	철사로 만든 도형의 둘레
월	일		4일	조각을 붙여 도형의 넓이 구하기
월	일		5일	도형을 나누거나 더하여 넓이 구하기
			특강 / 평가	창의·융합·코딩 / 누구나 100점 테스트

공부한 날을 표시하고 하루하루 학습 내용을 살펴보세요.

Chunjae
Makes
Chunjae

▼

기획총괄	김안나
편집개발	김정희, 이근우, 장지현, 서진호, 한인숙, 최수정, 김혜민, 박웅, 장효선
디자인총괄	김희정
표지디자인	윤순미, 안채리
내지디자인	박희춘, 이혜미
제작	황성진, 조규영

발행일	2020년 12월 15일 초판 2020년 12월 15일 1쇄
발행인	(주)천재교육
주소	서울시 금천구 가산로9길 54
신고번호	제2001-000018호
고객센터	1577-0902

똑 똑 한

하루
사고력

창의·코딩 수학

초등
수학 **5A**
5학년 수준

구성 및 특장

어떤 문제가 주어지더라도 해결할 수 있는 능력,
이미 알고 있는 것을 바탕으로 새로운 것을 이해하는 능력
위와 같은 능력이 사고력입니다.

똑똑한 하루 사고력

개념 · 원리 길잡이

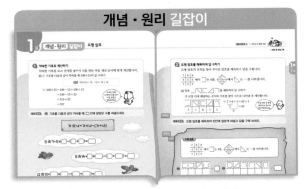

개념과 원리를 배우고 문제를 통해 익힙니다.

하루에 **6쪽**씩
하나의
주제로 학습합니다.

서술형 · 독해력 길잡이

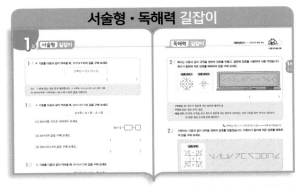

서술형 문제를 푸는 연습을 하고 긴 문제도 해석할 수
있는 독해력을 키웁니다.

사고력 · 코딩

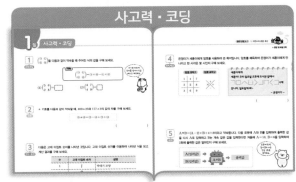

한 주 동안 학습한 내용과 관련 있는 창의 · 융합 문제와
코딩 문제를 풀어 봅니다.

똑똑한 하루 사고력 　특강과 테스트

한 주의 특강

특강 부분을 통해 더
다양한 사고력 문제를
풀어 봅니다.

누구나 100점 테스트

한 주 동안 공부한 내용
으로 테스트합니다.

차례

전망대 체험 학습하러 가야 하는데 영호는 왜 안 오는 거야?

영호는 항상 늦어. 습관이야.

미안~ 지하철이 많이 막혀서……

늦잠 자서 늦고는 지하철 핑계 대는 거지?

헉, 어떻게 알았지?

저기 버스 온다! 어서 타자!

버스 안에 사람들이 많네.

우리가 탈 때는 사람이 우리를 포함해서 21명이었는데 다음 정류장에서 8명이 내리고, 12명이 탔어.

그래?

지금 사람이 모두 몇 명인 거야?

덧셈과 뺄셈이 섞여 있는 식은 앞에서부터 차례대로 계산하면 되니까 25명인 거지.

$$21-8+12=13+12$$
$$\underset{①}{}\quad =25$$
$$②$$

자! 엄마가 싸 주신 마카롱이야.

만화로 미리 보기

마카롱이 12개네.

어떤 수를 나누어떨어지게 하는 수를 그 수의 약수라고 해. 12의 약수를 구해 봐.

음...... 난 아침을 많이 먹어서 배불러. 너희 둘이 먹어.

식탐 많은 네가 음식을 거절하다니.

$$12 \div 1 = 12 \qquad 12 \div 2 = 6$$

$$12 \div 3 = 4 \qquad 12 \div 4 = 3$$

$$12 \div 6 = 2 \qquad 12 \div 12 = 1$$

너, 배수도 모르겠구나?

배수는 알아!

사촌 동생 이름이 김배수라고!

어휴, 사람 이름 말고!! 어떤 수를 1배, 2배, 3배...... 한 수를 그 수의 배수라고 하는 거거든!

12를 나누어떨어지게 하는 수는 1, 2, 3, 4, 6, 12야.

그런데 전망대가 이렇게 멀었나?

넌 참을성이 없어서 문제야. 곧 도착할 거야, 기다려 봐.

전망대

부우웅....

뭐야, 반대 방향으로 가는 버스잖아!

으악, 미안......

확인 문제

1-1 가장 먼저 계산해야 하는 부분에 ○표 하세요.

(1) $42-7+5\times 2$

(2) $42-(7+5)\times 2$

한번 더

1-2 계산 순서에 맞게 □ 안에 기호를 차례대로 써넣으세요.

$$48-2\times(14+18)\div 16+2$$
$$\quad\quad ⓐ\quad ⓑ\quad\quad ⓒ\quad\quad ⓓ\quad\quad ⓔ$$

□ ➡ □ ➡ □ ➡ □ ➡ □

2-1 보기 와 같이 계산 순서를 나타내고, 계산해 보세요.

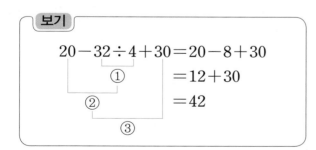

보기
$$20-32\div 4+30=20-8+30$$
$$\qquad\qquad ①\qquad\quad =12+30$$
$$\qquad\qquad ②\qquad\quad =42$$
$$\qquad\qquad\qquad ③$$

$65-5\times(4+14\div 7)$

2-2 계산해 보세요.

(1) $7\times(16-9)+13$

(2) $15+64\div 4-8\times 3$

(3) $98\div(3+4)\times 2-16$

교과 내용 확인하기

▶ 정답 및 해설 2쪽

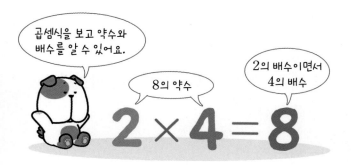

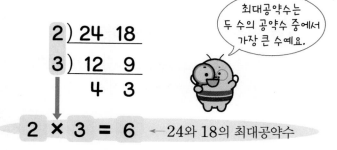

곱셈식을 보고 약수와 배수를 알 수 있어요.

8의 약수

2의 배수이면서 4의 배수

2 × 4 = 8

2) 24 18
3) 12 9
　　 4 3

2 × 3 = 6 ← 24와 18의 최대공약수

최대공약수는 두 수의 공약수 중에서 가장 큰 수예요.

확인 문제

3-1 왼쪽 수가 오른쪽 수의 배수인 것에 ○표 하세요.

6	45

(　　　　　)

12	4

(　　　　　)

45	9

(　　　　　)

85	15

(　　　　　)

한번 더

3-2 두 수가 약수와 배수의 관계인 것에 ○표, 아닌 것에 ×표 하세요.

7	42

(　　　　　)

30	12

(　　　　　)

24	8

(　　　　　)

96	16

(　　　　　)

4-1 20과 30의 약수를 보고 물음에 답하세요.

20의 약수: 1, 2, 4, 5, 10, 20
30의 약수: 1, 2, 3, 5, 6, 10, 15, 30

(1) 20과 30의 공약수를 모두 구해 보세요.

_____

(2) 20과 30의 최대공약수를 구해 보세요.

(　　　　　　　　)

4-2 36과 24의 최대공약수를 구하려고 합니다. □ 안에 알맞은 수를 써넣으세요.

2) 36　　24
2) 18　　12
□)　9　　6
　　□　　□

➡ 36과 24의 최대공약수:

$2 \times \boxed{} \times \boxed{} = \boxed{}$

1 약속한 기호로 계산하기

약속한 기호를 보고 숫자를 넣어서 식을 만든 다음 계산 순서에 맞게 계산합니다.

예 ⊙ 기호를 다음과 같이 약속할 때 330⊙15의 값 구하기

> 약속 가⊙나＝가－나＋가÷나

$$→ 330⊙15 = 330 - 15 + 330 ÷ 15$$
$$= 330 - 15 + 22$$
$$= 315 + 22$$
$$= 337$$

가 대신 330,
나 대신 15를 넣어
식을 만들고
계산해 봐요!

활동 문제 ★ 기호를 다음과 같이 약속할 때, ☐ 안에 알맞은 수를 써넣으세요.

> 가 ★ 나 ＝ 가×나－(가＋나)

$$5 ★ 7 = 5 × \boxed{} - (\boxed{} + \boxed{}) = \boxed{}$$

$$8 ★ 14 = \boxed{} × \boxed{} - (\boxed{} + \boxed{}) = \boxed{}$$

$$12 ★ 10 = \boxed{} × \boxed{} - (\boxed{} + \boxed{}) = \boxed{}$$

$$30 ★ 5 = \boxed{} × \boxed{} - (\boxed{} + \boxed{}) = \boxed{}$$

2 도형 암호를 해독하여 답 구하기

도형 암호의 규칙을 찾아 주어진 암호를 해독하고 답을 구합니다.

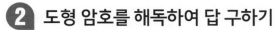

7 8 9
4 5 6 에서 ⌐ 는 4를, ◇(＋－×÷) 에서 △ 는 －를 나타냅니다.
1 2 3

예 암호 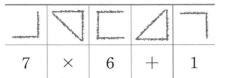 를 해독하여 답 구하기

각 모양 칸에 해당하는 숫자와 기호를 찾아 식으로 나타낸 후 계산합니다.

⌐	◿	⊏	◸
7	×	6	＋	1

$$7 \times 6 + 1 = 42 + 1$$
$$= 43$$

① ②

식을 세운 후 혼합
계산식의 순서에
맞게 계산하세요.

활동 문제 도형 암호를 해독하여 빈칸에 알맞게 써넣고 답을 구해 보세요.

도형 암호

7 8 9
4 5 6 에서 ⌐ 는 4를, ◇(＋－×÷) 에서 △ 는 －를 나타냅니다.
1 2 3

❶ 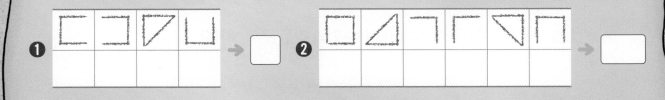 ➡ ☐

❷ ➡ ☐

❸  ➡ ☐

1-1 ♥ 기호를 다음과 같이 약속할 때, 10♥(4♥8)의 값을 구해 보세요.

$$㉠♥㉡=㉠+㉠×㉡$$

(   )

❶ (   ) 안에 있는 식을 먼저 계산합니다. ➡ 4♥8=4+4×8=4+32=36
❷ 10♥(4♥8)=10♥36=10+10×36의 값을 구합니다.

1-2 ★ 기호를 다음과 같이 약속할 때, (34★2)★3의 값을 구해 보세요.

$$A★B=A×B-A÷B$$

(1) 34★2를 식으로 나타내어 보세요.

$$34×2-\boxed{}÷\boxed{}$$

(2) 34★2의 값을 구해 보세요.

(   )

(3) (34★2)★3의 값을 구해 보세요.

(   )

1-3 ♣ 기호를 다음과 같이 약속할 때, 9♣(4♣7)의 값을 구해 보세요.

$$가♣나=나+(나-가)×가$$

(1) 4♣7을 식으로 나타내고 계산해 보세요.

식 _____   답 _____

(2) 9♣(4♣7)의 값을 구해 보세요.

(   )

2-1 희수는 다음과 같이 규칙을 정하여 암호를 만들고, 칠판에 암호를 사용하여 식을 적었습니다. 희수가 칠판에 적은 암호를 해독하여 답을 구해 보세요.

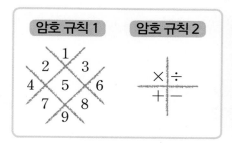

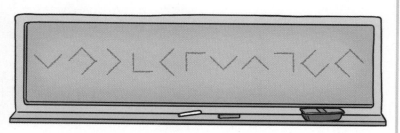

(   )

- **구하려는 것**: 희수가 칠판에 적은 암호를 해독한 값
- **주어진 조건**: 암호 규칙, 암호
- **해결 전략**: ❶ 암호 규칙을 보고 희수가 칠판에 적은 암호가 나타내는 수와 기호를 찾아 식으로 나타내기
  ❷ 혼합 계산 순서에 맞게 계산하기

✎ 구하려는 것(～～)과 주어진 조건(──)에 표시해 봅니다.

2-2 지현이는 다음과 같이 규칙을 정하여 암호를 만들었습니다. 지현이가 종이에 적은 암호를 해독하여 답을 구해 보세요.

해결 전략
❶ 암호 규칙에서 수와 기호가 있는 칸의 모양을 보고 암호를 해독하기
❷ 혼합 계산식 계산하기

(   )

1 $\begin{pmatrix} ㉠ & ㉡ \\ ㉢ & ㉣ \end{pmatrix}$ 을 다음과 같이 약속할 때 주어진 식의 값을 구해 보세요.

문제 해결

> **약속**
>
> $$\begin{pmatrix} ㉠ & ㉡ \\ ㉢ & ㉣ \end{pmatrix} = ㉠ \times ㉣ - ㉡ \times ㉢$$

㉠~㉣ 자리에 숫자를 넣어서 식을 세우고 계산해요.

(1) $\begin{pmatrix} 5 & 6 \\ 2 & 8 \end{pmatrix} = \boxed{}$

(2) $\begin{pmatrix} 4 & 7 \\ 4 & 9 \end{pmatrix} = \boxed{}$

2 ▲ 기호를 다음과 같이 약속할 때, 400▲25와 177▲3의 값의 차를 구해 보세요.

추론

> $$㉮ ▲ ㉯ = ㉮ - ㉯ + ㉮ \div ㉯$$

(   )

3 다음은 고대 이집트 숫자를 나타낸 것입니다. 고대 이집트 숫자를 이용하여 나타낸 식을 보고 계산 결과를 구해 보세요.

창의 · 융합

수	고대 이집트 숫자	설명
1		막대기 모양
10	∩	말발굽 모양
100	?	밧줄을 둥그렇게 감은 모양

> 예 ??? ∩∩∩∩| → 351

?∩∩∩|||||||| ÷ ∩∩||| × ∩∩∩∩

(   )

4
문제 해결

은정이가 세훈이에게 암호를 사용하여 쓴 쪽지입니다. 암호를 해독하여 은정이가 세훈이에게 만나자고 한 시각은 몇 시인지 구해 보세요.

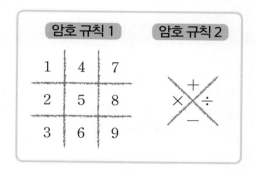

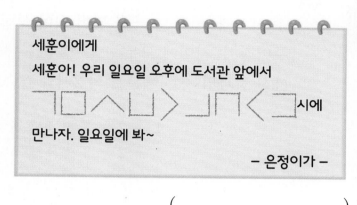

(   )

5
코딩

A♥B=(A-2)×B÷4+8이라고 약속합니다. 다음 로봇에 A와 B를 입력하여 출력한 값을 다시 A로 입력하고 B는 계속 같은 값을 입력한다면 처음에 A=10, B=6을 입력하여 2회에 출력한 값은 얼마인지 구해 보세요.

로봇에 한 번 들어갔다 나온 것을 1회로 생각해요.

(1) A=10, B=6을 입력했을 때 1회의 출력값은 얼마일까요?

(   )

(2) 1회의 출력값을 다시 A로 입력하고 B는 처음과 같은 값을 입력했습니다. 2회의 출력값은 얼마일까요?

(   )

① **+, −를 이용하여 목표수 만들기**

수 사이에 + 또는 −를 넣어 식이 성립하도록 만듭니다.

주어진 수 사이에 모두 ＋를 넣었을 때의 계산 결과와 ＋를 −로 바꾸었을 때의 계산 결과의 차는 빼는 수의 2배와 같습니다.

$$1 + 2 + 3 + 4 + 5 = 15$$
$$1 + 2 - 3 + 4 + 5 = 9$$

$$15 - 9 = 6 (= 3 \times 2)$$

└ 빼는 수

① 주어진 수 사이에 모두 ＋를 넣어 봅니다.

② 목표수와의 차를 이용하여 ＋ 대신 −를 넣어 식을 완성합니다.

활동 문제 　구름 위에 쓰여진 바른 계산식을 보고 주어진 식에서 ＋ 한 개를 −로 바꾸어 식이 성립하도록 만들어 보세요.

$$6 + 5 + 4 + 3 + 2 + 1 = 21$$

예 $6 ＊ 5 + 4 + 3 + 2 + 1 = 11$

❶ $6 + 5 + 4 + 3 + 2 + 1 = 15$

❷ $6 + 5 + 4 + 3 + 2 + 1 = 17$

❸ $6 + 5 + 4 + 3 + 2 + 1 = 19$

❹ $6 + 5 + 4 + 3 + 2 + 1 = 13$

바꿀 ＋ 기호를 ✕ 표시로 지우고 그 위에 − 기호를 쓰세요.

＋ 를 −로 바꾸면 계산 결과가 빼는 수의 2배만큼 작아져요!

▶정답 및 해설 3쪽

2 계산 결과를 가장 크게 만들기

- 계산 결과가 가장 큰 식이 되려면 먼저 식의 어느 부분을 가장 크게 만들어야 하는지 알아봅니다.

두 수의 곱은 곱하는 두 수가 클수록 커져요!

- 나눗셈의 몫이 가장 크게 만들려면 나누는 수 자리에 가장 작은 수를 놓아야 합니다.

예 수 카드 3 , 4 , 5 를 한 번씩 사용하여 아래와 같이 식을 만드는 경우 중 계산 결과가 가장 클 때 구하기

$$60 \div (\square \times \square) + \square$$

곱하는 두 수는 순서를 바꾸어도 결과가 같아요.

나눗셈 $60 \div (\square \times \square)$의 몫이 가장 클 때 계산 결과가 가장 큽니다.

나눗셈의 몫이 가장 크려면 나누는 수인 $\square \times \square$가 가장 작은 수가 되어야 하므로 곱하는 두 수 자리에 가장 작은 수인 3과 둘째로 작은 수인 4를 놓습니다.

➡ 계산 결과가 가장 클 때: $60 \div (3 \times 4) + 5 = 60 \div 12 + 5 = 5 + 5 = 10$

활동 문제 　주어진 구슬에 적힌 수를 한 번씩 사용하여 계산 결과가 가장 큰 식이 되도록 만들어 보세요.

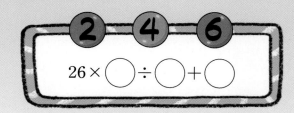

2　4　6

$$26 \times \bigcirc \div \bigcirc + \bigcirc$$

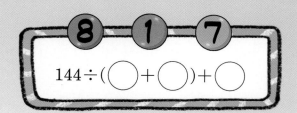

8　1　7

$$144 \div (\bigcirc + \bigcirc) + \bigcirc$$

9　5　3

$$\bigcirc + \bigcirc \times (90 \div \bigcirc)$$

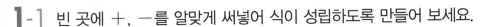
1-1 빈 곳에 ＋, ―를 알맞게 써넣어 식이 성립하도록 만들어 보세요.

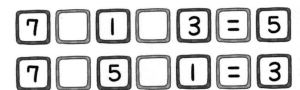

❶ 등호(＝) 왼쪽의 세 수의 합을 먼저 알아봅니다. ➡ 7＋1＋3＝11, 7＋5＋1＝13
❷ ❶에서 구한 합과 등호(＝) 오른쪽 수의 차를 구합니다. ➡ 11−5＝6, 13−3＝10
❸ ❷에서 구한 차를 2로 나눈 수 앞에 ―를 써넣고, 나머지 빈 자리에 ＋를 써넣습니다.

1-2 빈 곳에 ＋, ―를 알맞게 써넣어 식이 성립하도록 만들어 보세요.

(1) 등호 왼쪽 수들의 합과 11의 차는 얼마인가요?

(   )

(2) 위 식의 빈 곳에 ＋, ―를 알맞게 써넣어 식이 성립하도록 만들어 보세요.

1-3 빈 곳에 ＋, ―를 알맞게 써넣어 식이 성립하도록 만들어 보세요.

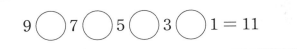

$$9 \bigcirc 7 \bigcirc 5 \bigcirc 3 \bigcirc 1 = 11$$

(1) 등호 왼쪽 수들의 합과 11의 차는 얼마인가요?

(   )

(2) 위 식의 ○ 안에 ＋, ―를 알맞게 써넣어 식이 성립하도록 만들어 보세요.

2-1 수 카드 **2**, **4**, **9**를 한 번씩 사용하여 아래와 같이 식을 만들려고 합니다. 빈 곳에 알맞은 수를 써넣어 계산 결과가 가장 큰 식을 만들고 계산해 보세요.

$$\Box + 72 \div (\Box \times \Box)$$

식을 만든 후 계산 결과를 구해요.

(   )

- **구하려는 것**: 계산 결과가 가장 큰 식과 계산 결과
- **주어진 조건**: 수 카드 **2**, **4**, **9**를 한 번씩 사용, $\Box + 72 \div (\Box \times \Box)$
- **해결 전략**: ❶ 계산 결과가 가장 크게 되려면 수 카드를 각각 어느 위치에 놓아야 하는지 알아보기
  ❷ 식을 계산 순서에 맞게 계산하기

✎ 구하려는 것(∼∼∼)과 주어진 조건(———)에 표시해 봅니다.

2-2 수 카드 **4**, **6**, **8**을 한 번씩 사용하여 아래와 같이 식을 만들려고 합니다. 빈 곳에 알맞은 수를 써넣어 계산 결과가 가장 큰 식을 만들고 계산해 보세요.

$$48 \div (\Box - \Box) + \Box$$

해결 전략
❶ 나누는 수 $\Box - \Box$를 가장 작게 만들기
❷ 더하는 수 자리에 가장 큰 수 놓기

(   )

2-3 수 카드 **1**, **3**, **7**을 한 번씩 사용하여 아래와 같이 식을 만들려고 합니다. 계산 결과가 가장 클 때와 가장 작을 때를 각각 구해 보세요.

$$84 \div (\Box \times \Box) + \Box$$

가장 클 때 (   )

가장 작을 때 (   )

1 추론

다음 식이 성립하도록 ( )로 묶어 보세요.

$$42 - 24 \div 2 \times 3 + 1 = 39$$

2 문제 해결

다음은 0부터 9까지의 디지털 기호를 나타낸 것입니다. 다음 식이 성립하도록 연산 기호를 알맞게 색칠해 보세요.

숫자(0~9)	연산 기호(+, −)

$$9 + 8 + 5 + 4 = 10$$

3 추론

4를 4번 써서 0 또는 자연수를 만드는 것을 포 포즈(Four Fours) 문제라고 합니다. 4개의 4와 +, −, ×, ÷를 사용하여 다음 식을 완성해 보세요.

예

• 0 만들기

$$4 + 4 - 4 - 4 = 0$$
$$4 - 4 + 4 - 4 = 0$$
$$4 \times 4 - 4 \times 4 = 0$$

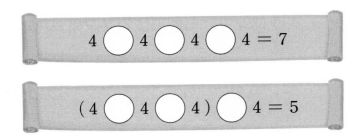

$$4 \bigcirc 4 \bigcirc 4 \bigcirc 4 = 7$$

$$(4 \bigcirc 4 \bigcirc 4) \bigcirc 4 = 5$$

▶ 정답 및 해설 **4쪽**

4 가쿠로 퍼즐에 대한 설명을 보고 빈칸에 알맞은 숫자를 써넣으세요.

창의 · 융합

① 모든 흰색 칸에 1부터 9까지의 숫자를 써넣어야 합니다.

② 대각선 위의 숫자는 오른쪽 가로줄에 있는 모든 흰색 칸의 숫자의 합입니다.

③ 대각선 아래의 숫자는 아래쪽 세로줄에 있는 모든 흰색 칸의 숫자의 합입니다.

④ 한 줄을 이루는 흰색 칸에는 서로 다른 수를 넣어야 합니다.

예

대각선 아래에 있는 수 6은 세로줄에 있는 1, 2, 3의 합과 같아요.

	16	7	9
6			
	1	15	9
	2	6	1
	3	9	8

대각선 위에 있는 수 16은 가로줄에 있는 7, 9의 합과 같아요.

가쿠로는 '더할 가(加)'와 영어 CROSS의 합성어예요.

	17		
	7	9	
		12	3
8			
10	1		

5 1부터 9까지의 수 카드가 한 장씩 있습니다. 이 수 카드 중 4장을 골라 다음 식을 만들었을 때,

문제 해결

계산 결과가 가장 큰 식이 되도록 빈 곳에 알맞은 수를 써넣고 계산 결과를 구해 보세요.

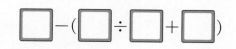

$$\square - (\square \div \square + \square)$$

(   )

❶ 거꾸로 계산하기

혼합 계산식에서 ☐ 안에 알맞은 수를 구하기 위해서는 계산 순서를 거꾸로 생각하여 마지막 과정부터 하나씩 식을 줄여서 ☐의 값을 구합니다.

예 ☐ 안에 알맞은 수 구하기

$$6 \times (\boxed{} - 3) + 5 = 35$$
                   ①
          ②
          ③

거꾸로 ③ ➡ ② ➡ ①의 순서로 식을 계산합니다.

$6 \times (\boxed{} - 3) = 35 - 5$, $6 \times (\boxed{} - 3) = 30$,

$\boxed{} - 3 = 30 \div 6$, $\boxed{} - 3 = 5$,

$\boxed{} = 5 + 3$, $\boxed{} = 8$

거꾸로 계산하니까 덧셈은 뺄셈으로, 곱셈은 나눗셈으로, 뺄셈은 덧셈으로!

활동 문제   네 사람이 ☐ 안에 알맞은 수가 적힌 밤송이를 주우려고 합니다. 바구니와 밤송이를 알맞게 선으로 이어 보세요.

2 규칙에 따라 사다리 타기

사다리 타기 방법

• 출발점에서 아래로 내려가다 만나는 다리는 반드시 건너야 합니다.

• 아래와 옆으로만 이동할 수 있습니다.

• 지나가는 길에 있는 식을 차례로 이어 혼합 계산식을 만들고 계산합니다.

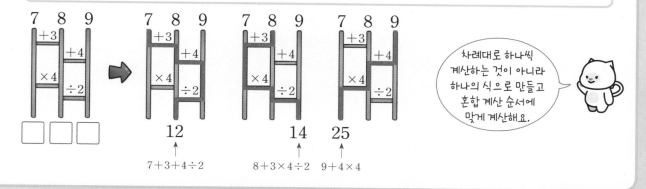

$7+3+4\div2$ $8+3\times4\div2$ $9+4\times4$

차례대로 하나씩 계산하는 것이 아니라 하나의 식으로 만들고 혼합 계산 순서에 맞게 계산해요.

활동 문제 위와 같은 사다리 타기 방법으로 땅굴을 내려가서 ☐ 안에 알맞은 수를 써넣으세요.

1-1 ☐ 안에 알맞은 수는 얼마인지 구해 보세요.

$$(48 - \boxed{}) \div 3 \times 5 = 35$$

거꾸로 계산할 때는 ( ) 부분을 가장 마지막으로 계산해야 해요.

( )

- 혼합 계산식의 계산 순서를 알아봅니다.
- 계산 순서를 거꾸로 생각하여 ☐ 안에 알맞은 수를 구합니다.
- 거꾸로 계산할 때는 덧셈과 뺄셈의 관계, 곱셈과 나눗셈의 관계를 이용하여 계산합니다.

1-2 ☐ 안에 알맞은 수는 얼마인지 구해 보세요.

$$43 - (26 + \boxed{}) \div 8 = 19$$
$$\underset{\textstyle ㉠}{\uparrow} \qquad \underset{\textstyle ㉡}{\uparrow} \qquad \underset{\textstyle ㉢}{\uparrow}$$

(1) 혼합 계산식의 계산 순서에 맞게 차례대로 기호를 써 보세요.   ☐ ➡ ☐ ➡ ☐

(2) 거꾸로 계산하여 ☐ 안에 알맞은 수를 구해 보세요.   ( )

1-3 종이에 얼룩이 묻었습니다. 보이지 않는 부분에 적힌 수는 얼마인지 풀이 과정을 쓰고 답을 구해 보세요.

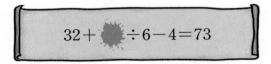

$$32 + \text{⬤} \div 6 - 4 = 73$$

보이지 않는 부분에 적힌 수를 ☐로 놓고 계산해 보세요.

풀이 _____

_____

_____

답 _____

2-1 사다리 타는 방법을 보고 ☐ 안에 알맞은 수를 써넣으세요.

- 출발점에서 아래로 내려가다 만나는 다리는 반드시 건너야 합니다.
- 아래와 옆으로만 이동할 수 있습니다.
- 지나가는 길에 있는 식을 차례로 이어 혼합 계산식을 만들고 계산합니다.

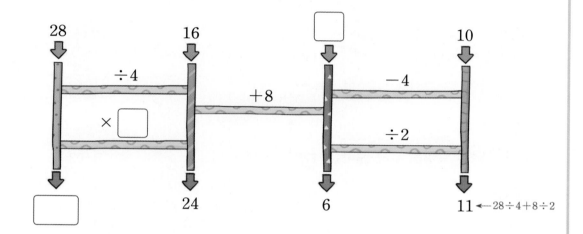

- **구하려는 것:** ☐ 안에 알맞은 수
- **주어진 조건:** 사다리 타는 방법, 사다리
- **해결 전략:** 사다리 타는 방법을 따라 혼합 계산식을 만든 다음 ☐ 안에 알맞은 수를 계산합니다.

✎ 구하려는 것(〜〜)과 주어진 조건(────)에 표시해 봅니다.

2-2 파란색 화살표에서 시작하여 내려가면서 만나는 다리는 반드시 건너야 하고, 아래와 옆으로만 지나갈 수 있는 사다리가 있습니다. 사다리를 타고 지나가는 길에 있는 식을 차례로 이어 만든 혼합 계산식의 계산 결과를 빨간색 화살표로 나온 곳에 적었습니다. ☐ 안에 알맞은 수를 써넣으세요.

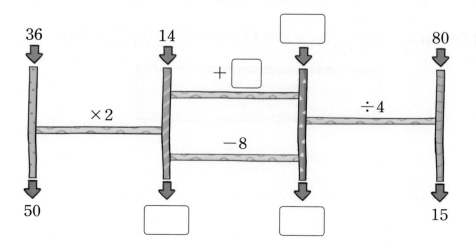

▶ **해결 전략** ◀

❶ 사다리 타기를 하여 식 세우기
❷ 혼합 계산식 계산하여 ☐안에 알맞은 수 구하기

→ 기호와 도형을 써서 일의 처리 과정을 나타낸 그림

1 코딩 **보기** 와 같은 방법으로 오른쪽 <u>순서도</u>의 시작 부분에 24를 넣고 계산했을 때 끝 부분에 나오는 값을 구해 보세요.

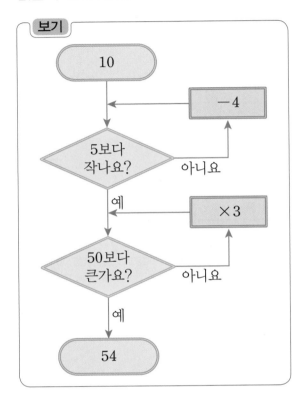

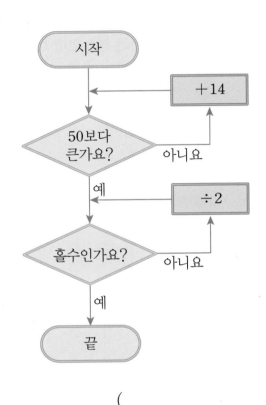

(   )

2 추론 카드에 얼룩이 묻었습니다. 보이지 않는 부분에 적힌 수는 얼마인지 구해 보세요.

$$25 + (\bullet - 8) \times 3 \div 2 = 46$$

(   )

▶ 정답 및 해설 5쪽

3

추론

보기 와 같이 화살표를 따라가며 계산했더니 16이 나왔습니다. ♥에 알맞은 수를 구해 보세요.

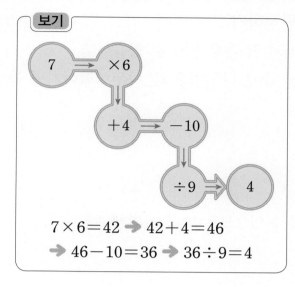

보기

$7 \times 6 = 42$ ➡ $42 + 4 = 46$
➡ $46 - 10 = 36$ ➡ $36 \div 9 = 4$

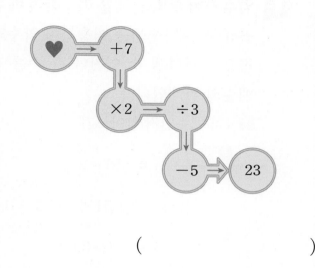

(   )

4

문제 해결

선을 따라 내려가다가 다리를 오른쪽으로 지나갈 때는 다리에 있는 수를 더하고, 왼쪽으로 지나갈 때는 다리에 있는 수를 빼는 사다리입니다. 사다리 타기를 하여 ☐ 안에 알맞은 수를 써넣으세요.

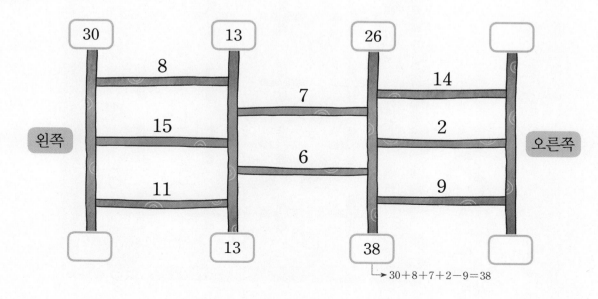

$30 + 8 + 7 + 2 - 9 = 38$

1 **약수와 배수의 관계를 이용하여 배수 판정하기**

곱셈 또는 나눗셈을 이용하여 약수와 배수의 관계를 알 수 있습니다.

곱으로 나타낼 수 있거나 큰 수를 작은 수로 나누었을 때 나누어떨어지면 약수와

배수의 관계입니다.

예 4의 배수인지 알아보기

①
$$4 \times 51 = 204$$

➡ 204는 4와 51의 곱으로 나타낼 수 있으므로 204는 4의 배수입니다.

②
$$157 \div 4 = 39 \cdots 1$$

➡ 157은 4로 나누었을 때 나누어떨어지지 않으므로 157은 4의 배수가 아닙니다.

활동 문제 3의 배수가 적힌 길만 따라서 가야 안전하게 집에 도착할 수 있습니다. 지연이가 지나가야 하는 길을 찾아 선으로 표시해 보세요.

② 배수 판정법

다음과 같은 방법으로 각 수의 배수를 쉽게 알아볼 수 있습니다.

2의 배수	일의 자리 숫자가 짝수(0, 2, 4, 6, 8)인 수
3의 배수	각 자리 숫자의 합이 3의 배수인 수
4의 배수	오른쪽 끝 두 자리 수가 00이거나 4의 배수인 수
5의 배수	일의 자리 숫자가 0 또는 5인 수
6의 배수	2의 배수이면서 3의 배수(짝수이면서 각 자리 숫자의 합이 3의 배수)인 수
8의 배수	오른쪽 끝 세 자리 수가 8의 배수인 수
9의 배수	각 자리 숫자의 합이 9의 배수인 수

활동 문제 4의 배수가 적힌 종이를 들고 있는 동물을 모두 찾아 ◯표 하세요.

1-1 다음 네 자리 수는 5의 배수입니다. ☐ 안에 들어갈 수 있는 숫자는 모두 몇 개인지 구해 보세요.

(   )

• 5의 배수 판정법: 일의 자리 숫자가 0 또는 5인 수는 5의 배수입니다.

1-2 다음 네 자리 수는 4의 배수입니다. ● 안에 들어갈 수 있는 숫자는 모두 몇 개인지 구해 보세요.

4의 배수는 오른쪽 끝 두 자리 수가 ☐☐이거나 4의 배수여야 합니다.

15●6의 오른쪽 끝 두 자리 수 ●6이 4의 배수여야 하므로 ● 안에 들어갈 수 있는 수는

☐, ☐, ☐, ☐, ☐로 모두 ☐개입니다.

1-3 다음 네 자리 수는 3의 배수입니다. 얼룩으로 가려진 십의 자리에 들어갈 수 있는 숫자는 모두 몇 개인지 구해 보세요.

(1) 얼룩으로 가려진 자리에 들어갈 수 있는 숫자를 모두 구해 보세요.

(   )

(2) 얼룩으로 가려진 자리에 들어갈 수 있는 숫자는 모두 몇 개인가요?

(   )

2-1 은영이와 진호가 종이에 적힌 네 자리 수에 대해 설명하고 있습니다. 설명을 모두 만족하는 수가 되도록 ☐ 안에 알맞은 수를 써넣으세요.

이 수는 2의 배수야. 은영

745☐

이 수는 5의 배수이기도 해. 진호

- 구하려는 것: ☐ 안에 알맞은 수
- 주어진 조건: 745☐는 2의 배수이면서 5의 배수
- 해결 전략: 2의 배수 판정법과 5의 배수 판정법을 이용하여 ☐ 안에 들어갈 수 있는 수들을 각각 구한 후 공통인 수를 찾거나 2의 배수가 되는 네 자리 수를 모두 구한 다음 그중에서 5인 배수인 수를 찾습니다.

✎ 구하려는 것(﹋)과 주어진 조건(───)에 표시해 봅니다.

2-2 지훈이와 연지가 종이에 적힌 네 자리 수에 대해 설명하고 있습니다. 설명을 모두 만족하는 수가 되도록 ☐ 안에 알맞은 수를 구해 보세요.

이 수는 4의 배수야. 지훈

662☐

이 수는 9의 배수이기도 해. 연지

해결 전략

❶ 662☐가 4의 배수일 때 ☐ 안에 들어갈 수 있는 수 구하기

❷ ❶에서 구한 네 자리 수 중에서 9의 배수인 수 구하기

(   )

2-3 오른쪽 수가 **조건** 을 모두 만족하는 다섯 자리 수가 되도록 ☐ 안에 알맞은 수를 써넣으세요.

조건
- 5의 배수입니다.
- 3의 배수입니다.

4192☐

1 추론

수 카드를 한 번씩 사용하여 만들 수 있는 세 자리 수 중에서 4의 배수를 모두 써 보세요.

2 4 7

(   )

2 코딩

다음은 배수 판정법에 따라 9의 배수를 판정하기 위한 순서도입니다. 순서도를 보고 941843은 9의 배수인지 알아보세요.

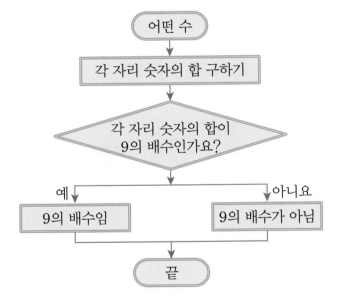

941843은 9의 배수가
(맞습니다 , 아닙니다).

3 문제 해결

다음 수는 6의 배수인 여덟 자리 수입니다. ☐ 안에 알맞은 수를 구해 보세요.

1849205☐

(   )

4
문제 해결

배수 판정법을 이용하여 다음 수들이 어떤 수의 배수인지 표를 완성해 보세요.

| 246 | 98 | 5930 | 600 | 1549 | 7084 | 375 |

2의 배수	3의 배수	4의 배수	5의 배수
246			

5
코딩

다음 화살표의 순서로 주어진 지시에 따라 판단하고 계산하여 빈 곳에 알맞은 수를 써넣으세요.
(단, 결과는 같은 색 칸에 써넣어야 합니다.)

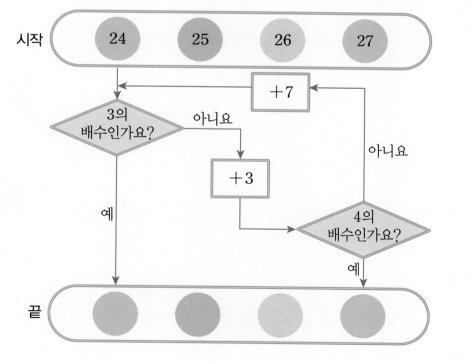

시작 24 25 26 27

+7

3의 배수인가요? 아니요

+3

아니요

예

4의 배수인가요?

예

끝

같은 색 칸에 결과를 써넣으세요!

1 **최대공약수를 이용하여 공약수 구하기**

두 수의 최대공약수가 주어졌을 때, 두 수의 공약수를 구할 수 있습니다.

(두 수의 최대공약수의 약수)＝(두 수의 공약수)

12의 약수	1, 2, 3, 4, 6, 12
18의 약수	1, 2, 3, 6, 9, 18
12와 18의 공약수	1, 2, 3, 6 → 공약수 1, 2, 3, 6은 최대공약수인 6의 약수입니다.
12와 18의 **최대공약수**	6 ←

예 어떤 두 수의 최대공약수가 15일 때, 두 수의 공약수는 최대공약수인 15의 약수와 같으므로 두 수의 공약수는 <u>1, 3, 5, 15</u>입니다.
↳ 15의 약수

활동 문제 어떤 두 수의 최대공약수가 64일 때, 두 수의 공약수가 적힌 별 중에서 작은 수가 적힌 별부터 차례대로 선으로 이어 보세요.

2 최대공약수를 이용하여 모르는 수 구하기

어떤 두 수를 각각 여러 수의 곱으로 나타낸 식에서 공통으로 들어 있는 곱이
두 수의 최대공약수입니다.

예 가와 나의 최대공약수가 10일 때, 두 수를 여러 수의 곱으로 나타낸 곱셈식을 보고
☐ 안에 알맞은 수 구하기 (단, ☐는 한 자리 수입니다.)

$$가 = 2 \times 2 \times \boxed{} \qquad 나 = 2 \times 3 \times 5$$

→ 두 수의 최대공약수 10은 2×5이므로 가와 나의 곱셈식에 2×5가 공통으로 들어가야
합니다. 따라서 ☐ 안에는 5가 들어가야 합니다.

활동 문제 마법 양탄자에 적힌 두 수를 여러 수의 곱으로 나타낸 식을 보고 두 수의 최대공약
수를 구해 보세요.

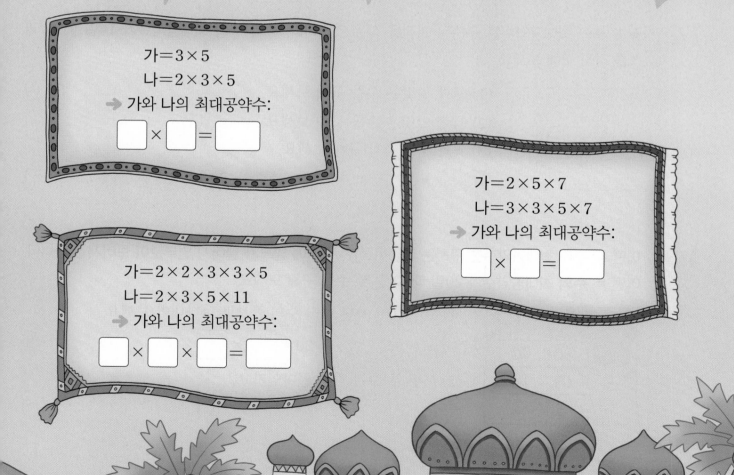

가 = 3×5
나 = $2 \times 3 \times 5$
→ 가와 나의 최대공약수:

$\boxed{} \times \boxed{} = \boxed{}$

가 = $2 \times 5 \times 7$
나 = $3 \times 3 \times 5 \times 7$
→ 가와 나의 최대공약수:

$\boxed{} \times \boxed{} = \boxed{}$

가 = $2 \times 2 \times 3 \times 3 \times 5$
나 = $2 \times 3 \times 5 \times 11$
→ 가와 나의 최대공약수:

$\boxed{} \times \boxed{} \times \boxed{} = \boxed{}$

1-1 ㉠과 ㉡의 최대공약수를 구하는 과정을 적은 종이입니다. ㉠과 ㉡의 최대공약수가 14일 때, ㉠과 ㉡을 각각 구해 보세요.

㉠ (   ), ㉡ (   )

❶ 7과 21을 ㉣로 나눈 수가 각각 1과 3입니다. ➡ ㉣×1=7, ㉣×3=21 ➡ ㉣=7
❷ 두 수의 최대공약수가 14이므로 ㉢×㉣=14입니다. ➡ ㉢×7=14 ➡ ㉢=2
❸ ㉠과 ㉡을 ㉢으로 나눈 수가 각각 7과 21입니다. ➡ ㉠÷㉢=7, ㉡÷㉢=21 ➡ ㉠=㉢×7, ㉡=㉢×21

1-2 ★과 ♥의 최대공약수를 구하는 과정을 적은 것입니다. ★과 ♥의 최대공약수가 14일 때, ★과 ♥를 각각 구해 보세요.

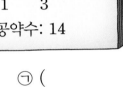

(1) ㉣에 알맞은 수를 구해 보세요.   (   )

(2) ㉢에 알맞은 수를 구해 보세요.   (   )

(3) ★과 ♥를 각각 구해 보세요.

★ (   ), ♥ (   )

1-3 어떤 두 수의 최대공약수를 구하는 과정이 적힌 종이에 잉크가 떨어져 일부분이 보이지 않습니다. 어떤 두 수의 최대공약수가 20일 때, 어떤 두 수를 구해 보세요.

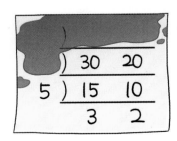

(1) 20을 1이 아닌 여러 수의 곱으로 나타내어 보세요.

$$20 = \boxed{} \times \boxed{} \times 5$$

(2) 어떤 두 수는 각각 얼마인가요?

(   ), (   )

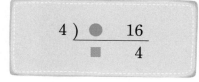

2-1 다음 조건 을 모두 만족하는 ●가 될 수 있는 수를 모두 구해 보세요.

조건

• ●는 16보다 작은 수입니다.
• ●와 16의 최대공약수는 4입니다.

$$4 \,\overline{)\,●\quad 16\,}$$
$$■\quad 4$$

(   )

● 구하려는 것: ●가 될 수 있는 수

● 주어진 조건: ●는 16보다 작음, ●와 16의 최대공약수는 4, 최대공약수를 구하는 과정을 적은 종이

● 해결 전략: 최대공약수가 4이므로 ■와 4는 1 이외의 공약수가 없고, ●가 16보다 작으므로 ■는 4보다 작습니다. 따라서 ■=1 또는 ■=3이므로 ●=4×1 또는 ●=4×3입니다.

✎ 구하려는 것(〰)과 주어진 조건(───)에 표시해 봅니다.

2-2 다음 조건 을 모두 만족하는 ♣가 될 수 있는 수를 모두 구해 보세요.

조건

• ♣는 42보다 작은 수입니다.
• 42와 ♣의 최대공약수는 7입니다.

$$7 \,\overline{)\,42\quad ♣\,}$$
$$6\quad ▲$$

해결 전략

❶ 조건을 보고 ▲가 될 수 있는 수 구하기

❷ ♣가 될 수 있는 수 구하기

(   )

2-3 다음 조건 을 모두 만족하는 ◆가 될 수 있는 수 중에서 가장 작은 수를 구해 보세요.

조건

• ◆는 24보다 큰 수입니다.
• 24와 ◆의 최대공약수는 8입니다.

$$8 \,\overline{)\,24\quad ◆\,}$$
$$3\quad ■$$

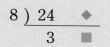

◆가 가장 작은 수일 때, ■도 가장 작은 수예요.

(   )

1

추론

어떤 두 수의 최대공약수가 34일 때, 두 수의 공약수를 모두 구해 보세요.

(   )

2

문제 해결

공약수가 가장 많은 것을 찾아 기호를 써 보세요.

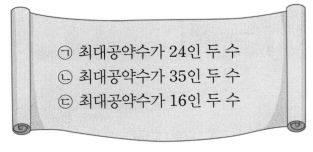

ㄱ 최대공약수가 24인 두 수
ㄴ 최대공약수가 35인 두 수
ㄷ 최대공약수가 16인 두 수

(   )

3

추론

어떤 두 수의 최대공약수를 구하는 과정이 적힌 종이의 일부가 찢어졌습니다. 어떤 두 수의 최대공약수가 9일 때, 어떤 두 수를 구해 보세요.

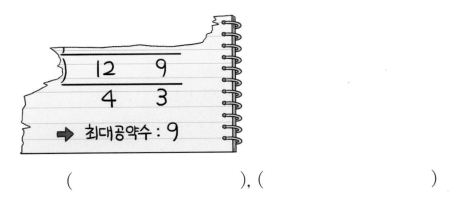

(   ), (   )

▶ 정답 및 해설 8쪽

4

창의 · 융합

1부터 6까지의 수를 한 번씩 써넣어 수 상자를 완성하려고 합니다. 각 줄에 있는 수는 ⬤ 에 쓰여진 수의 약수여야 합니다. 보기 와 같은 방법으로 수 상자를 완성해 보세요.

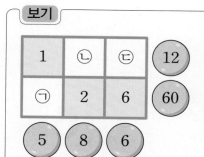

보기

- 5의 약수는 1, 5이므로 ㉠=5입니다.
- 1부터 6까지의 수 중에서 남은 수는 3, 4인데
  8의 약수는 1, 2, 4, 8이므로 ㉡에 3은 들어갈 수 없습니다.
  따라서 ㉡=4, ㉢=3입니다.

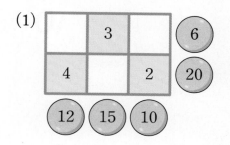

(1)

먼저 ⬤에 쓰여진 수들의 약수를 구해 보세요.

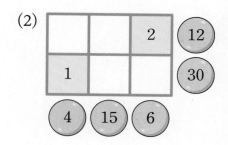

(2)

1부터 6까지의 숫자만 한 번씩 들어갈 수 있어요!

5

추론

다음 조건 을 모두 만족하는 ♥가 될 수 있는 수 중에서 가장 큰 수를 구해 보세요.

조건

- ♥는 90보다 작은 수입니다.
- 90과 ♥의 최대공약수는 18입니다.

```
2 ) 90    ♥
3 ) 45    ★
3 ) 15    ●
      5    ■
```

(   )

1 헨델과 그레텔이 길을 잃어 집으로 가는 길을 찾고 있습니다. 집으로 가는 길에는 3의 배수가 적힌 카드를 든 요정들이 있습니다. 집으로 가는 길을 찾아보세요. 창의·융합

2 주어진 조건에 맞게 미로를 통과하여 다음과 같은 결과를 얻었습니다. 처음 수를 구하여 ◯ 안에 써넣으세요. 문제 해결

- 미로를 가장 짧은 거리로 통과합니다.
- 미로를 통과하면서 지나간 식을 차례대로 모두 계산합니다.

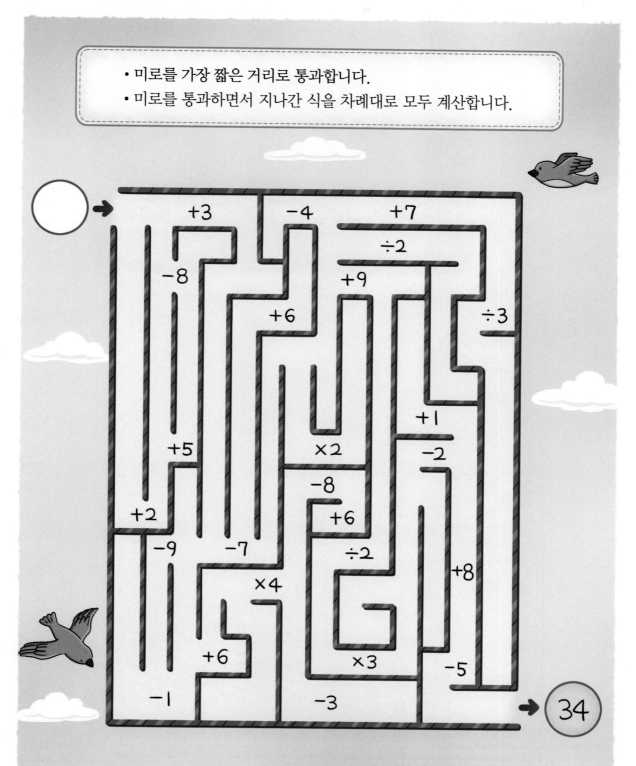

3 호랑이 선생님이 케이크 12조각과 사탕 20개를 최대한 많은 학생들에게 남김없이 똑같이 나누어 주려고 합니다. 몇 마리에게 나누어 줄 수 있는지 ○표 하세요. 창의·융합

| 1마리 | 2마리 | 3마리 | 4마리 | 5마리 | 6마리 |

4 태준이가 25의 약수를 구하는 프로그램 코드를 만들었습니다. ☐ 안에 알맞은 수는 얼마인지 구해 보세요. 코딩

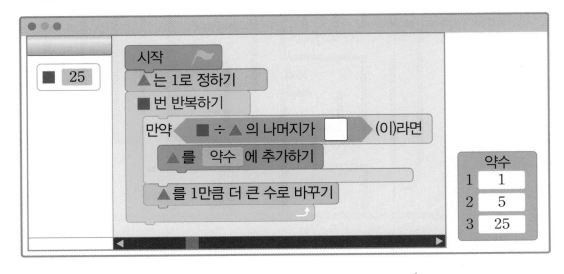

(　　　　　　　　　　　　)

5 계산기의 저장 기능을 이용하여 덧셈, 뺄셈, 곱셈, 나눗셈이 섞여 있는 식을 계산하려고 합니다. 보기 와 같이 계산 과정을 빈칸에 알맞게 써넣고 답을 구해 보세요. 창의·융합 코딩

계산기의 저장 기능을 이용하면 덧셈, 뺄셈, 곱셈, 나눗셈이 섞여 있는 식을 편리하게 계산할 수 있습니다.

MC	저장 결과를 지웁니다.
M+	저장 결과에 새로 입력된 값을 더합니다.
M-	저장 결과에서 새로 입력된 값을 뺍니다.
MR	저장 결과를 불러옵니다.

보기

다음 식을 계산기의 저장 기능을 이용하여 계산하는 과정입니다.

$$6+20\times3-8\div4$$

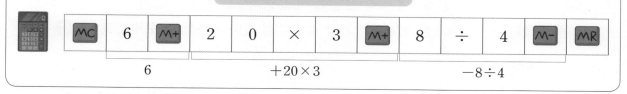

1 $6\times3+15\div5-12$

| | MC | 6 | × | 3 | M+ | | | | | | 1 | 2 | M- | MR |

( )

2 $12-63\div7+5\times4$

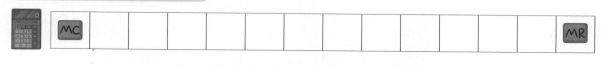

( )

6 어머니께서 잡채를 만들기 위해 재료를 찾아보았더니 버섯, 양파, 당근, 피망이 없었습니다. 다음은 잡채 2인분을 만드는 재료와 재료비입니다. 잡채 4인분을 만들기 위해 어머니께서 사야 하는 재료의 재료비는 모두 얼마인지 구해 보세요. 창의·융합

> 재료 ― 당면 100 g, 버섯 2개, 양파 1개, 당근 1개,
> 　　　 피망 1개, 시금치 300 g, 소고기 150 g, 소금 약간
> 재료비 ― 버섯 1개: 200원, 양파 1개: 500원,
> 　　　　 당근 1개: 350원, 피망 1개: 630원

(　　　　　　　　　　)

7 보기 와 같이 두 수의 공약수를 각각 원 안에 적고, 공약수를 두 원이 겹쳐지는 곳에 적으려고 합니다. 두 원이 겹쳐지는 부분에 들어갈 수가 가장 많은 것을 찾아 기호를 써 보세요. 문제 해결

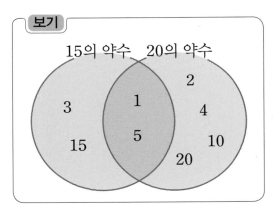

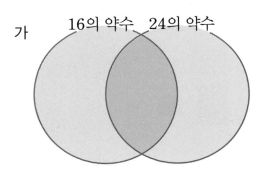

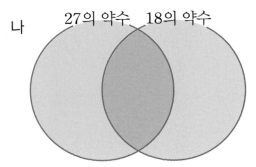

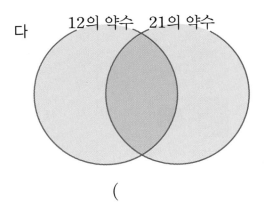

(　　　　　　　　　　)

8 빈칸에 1부터 6까지의 숫자를 한 번씩 써넣어 수 퍼즐을 완성하세요. 추론

7	+		−		=	6
×		+		+		
	+	8	÷		=	4
+		+		×		
9	÷		−		=	2
‖		‖		‖		
23		16		10		

주어진 수가 많은
식부터 차례로
알아봐요.

9 주사위 3개를 던져서 다음과 같이 눈이 나왔습니다. 나온 주사위 눈의 수와 +, −, ×, ÷, ( )를 이용하여 계산 결과가 1부터 6까지의 수가 되는 혼합 계산식을 만들어 보세요. 추론 문제 해결

주사위 3개를 던져서
1, 2, 4가 나왔으니까
1, 2, 4를 한 번씩 사용하고
+, −, ×, ÷, ( )를
이용해서 식을 만들어요.

계산 결과	식	계산 결과	식
1	4−2−1	4	
2		5	
3		6	

1주
특강

누구나 100점 TEST

1 ★ 기호를 다음과 같이 약속할 때, 20★5의 값을 구해 보세요.

$$A★B=A×B-A÷B$$

(   )

2 암호를 해독하여 빈칸에 알맞은 수나 기호를 써넣고 답을 구해 보세요.

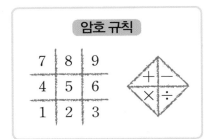

암호 규칙

7	8	9
4	5	6
1	2	3

➡ □

3 빈 곳에 ＋, －를 알맞게 써넣어 식이 성립하도록 만들어 보세요.

$$8 \bigcirc 6 \bigcirc 4 \bigcirc 2 = 12$$

4 수 카드 **2**, **3**, **9**를 한 번씩 사용하여 아래와 같이 식을 만들려고 합니다. 계산 결과가 가장 클 때를 구해 보세요.

$$54÷(□×□)+□$$

(   )

5 □ 안에 알맞은 수를 써넣으세요.

$$(□-6)×3-19=26$$

6 사다리 타기 방법을 보고 빈 곳에 알맞은 수를 써넣으세요.

방법

• 출발점에서 아래로 내려가다 만나는 다리는 반드시 건너야 합니다.
• 아래와 옆으로만 이동할 수 있습니다.
• 지나가는 길에 있는 식은 차례로 적어 혼합 계산식을 만들고 계산합니다.

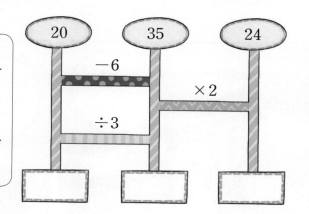

7 다음 네 자리 수는 9의 배수입니다. ☐ 안에 알맞은 수를 써넣으세요.

268☐

8 오른쪽 수가 조건 을 모두 만족하는 다섯 자리 수가 되도록 ☐ 안에 알맞은 수를 써넣으세요.

조건

• 2의 배수입니다.
• 5의 배수입니다.

7364☐

9 오른쪽과 같이 ㉠과 ㉡의 최대공약수를 구하는 과정을 적었습니다. ㉠과 ㉡의 최대공약수가 15일 때, ㉠과 ㉡을 각각 구해 보세요.

㉢) ㉠   ㉡
㉣) 10   25
      2   5

㉠ (   ), ㉡ (   )

와~ 차들이 많이 있네요.

자동차 연비 왕 대회에 참가한 차들이야.

일단 연비가 좋은 타이어로 교체하자.

자동차 1대에 타이어 4개를 갈아 끼워야 겠네요.

그렇지.

자동차가 4대면 타이어의 수는 몇 개인 거죠?

타이어의 수는 자동차 수의 4배니까

(자동차의 수)×4 =(타이어의 수) 이므로 자동차가 4대일 때 타이어의 수는 16개야.

그럼 지네가 10마리면 다리 수는 몇 개일까요?

윽~ 다리가 너무 많아서 모르겠구나.

만화로 미리 보기

약분 코스와 기약분수 코스 중에 우리는 어느 코스로 가나요?

약분 코스란다.

그런데 약분과 기약분수가 뭐죠?

분모와 분자를 공약수로 나누어 간단한 분수로 만드는 것을 '약분한다'고 해.

기약분수는요?

분모와 분자의 공약수가 1뿐인 분수를 말하지.

지난번에는 아깝게 우승을 놓쳤는데 이번에는 꼭 우승할 거야!

자동차 연비 왕 대회에서 우승할 수 있는 아이디어가 있어요.

기름이 한 방울도 필요 없으니 우승할 수 있어요.

오~ 그래?

어때요?

으…….

이번 주에는 무엇을 공부할까? ②

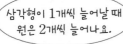

삼각형이 1개씩 늘어날 때 원은 2개씩 늘어나요.

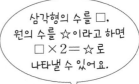

삼각형의 수를 □, 원의 수를 ☆이라고 하면 □×2＝☆로 나타낼 수 있어요.

확인 문제

1-1 도형의 배열을 보고 다음에 이어질 알맞은 모양을 그려 보세요.

한번 더

1-2 도형의 배열을 보고 다음에 이어질 알맞은 모양을 그려 보세요.

2-1 한 모둠에 4명씩 앉아 있습니다. 모둠의 수를 ○, 학생의 수를 △라 할 때, 두 양 사이의 대응 관계를 식으로 나타낸 것의 기호를 써 보세요.

㉠ ○×4＝△
㉡ △×4＝○

(   )

2-2 한 모둠에 6명씩 앉아 있습니다. 모둠의 수를 ☆, 학생의 수를 ◎라 할 때, 두 양 사이의 대응 관계를 식으로 나타낸 것의 기호를 써 보세요.

㉠ ◎－6＝☆
㉡ ◎÷6＝☆

(   )

▶ 정답 및 해설 10쪽

확인 문제

3-1 $\frac{1}{2}$과 크기가 같은 분수를 만들려고 합니다.

☐ 안에 알맞은 수를 써넣으세요.

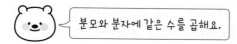
분모와 분자에 같은 수를 곱해요.

(1) $\frac{1}{2} = \frac{1 \times \square}{2 \times 5} = \frac{\square}{10}$

(2) $\frac{1}{2} = \frac{1 \times 7}{2 \times \square} = \frac{7}{\square}$

한번 더

3-2 $\frac{4}{8}$와 크기가 같은 분수를 만들려고 합니다.

☐ 안에 알맞은 수를 써넣으세요.

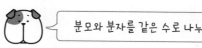
분모와 분자를 같은 수로 나누어요.

(1) $\frac{4}{8} = \frac{4 \div \square}{8 \div 2} = \frac{\square}{4}$

(2) $\frac{4}{8} = \frac{4 \div 4}{8 \div \square} = \frac{1}{\square}$

4-1 기약분수로 나타내려고 합니다. ☐ 안에 알맞은 수를 써넣으세요.

(1) $\frac{4}{20} = \frac{4 \div \square}{20 \div \square} = \frac{\square}{\square}$

(2) $\frac{6}{18} = \frac{6 \div \square}{18 \div \square} = \frac{\square}{\square}$

4-2 기약분수로 나타내려고 합니다. ☐ 안에 알맞은 수를 써넣으세요.

(1) $\frac{12}{15} = \frac{12 \div \square}{15 \div \square} = \frac{\square}{\square}$

(2) $\frac{16}{36} = \frac{16 \div \square}{36 \div \square} = \frac{\square}{\square}$

❶ 달력에서 동시에 가는 날 구하기

예 연희와 예지가 수영 학원을 1일부터 가기 시작하여 연희는 4일마다 가고, 예지는 5일마다 갈 때 1일 이후로 동시에 수영 학원을 가는 날 구하기

일	월	화	수	목	금	토
①△	2	3	4	⑤	⑥△	7
8	⑨	10	⑪△	12	⑬	14
15	16△	⑰	18	19	20	21○△
22	23	24	㉕	26△	27	28
㉙	30					

- 연희가 수영 학원에 가는 날에 1일부터 4일마다 ○표 합니다.
- 예지가 수영 학원에 가는 날에 1일부터 5일마다 △표 합니다.
- 1일 이후로 두 사람이 동시에 수영 학원을 가는 날은 4와 5의 최소공배수인 20일이 지난 21일입니다.

활동 문제 민수와 태수는 1일에 도서관을 갔습니다. 달력에 민수가 도서관을 가는 날에 모두 ○표, 태수가 가는 날에 모두 △표 하고 1일 이후로 두 사람이 도서관을 동시에 가는 날에 색칠해 보세요.

❶

민수는 3일마다 가고 태수는 8일마다 갑니다.

일	월	화	수	목	금	토
		①△	2	3	4	5
6	7	8	9	10	11	12
13	14	15	16	17	18	19
20	21	22	23	24	25	26
27	28	29	30			

❷

민수는 4일마다 가고 태수는 7일마다 갑니다.

일	월	화	수	목	금	토
		①△	2	3	4	5
6	7	8	9	10	11	12
13	14	15	16	17	18	19
20	21	22	23	24	25	26
27	28	29	30			

2 **버스 시간표를 보고 두 버스가 동시에 출발하는 시각 구하기**

예 서울행 버스와 인천행 버스가 오전 8시에 출발하여 일정한 간격으로 출발할 때 바로 다음번에 두 버스가 동시에 출발하는 시각 구하기

버스 출발 시간표	
서울행	인천행
오전 08:00	오전 08:00
08:20	08:30
08:40	09:00
09:00	09:30

20분, 20분, 20분 / 30분, 30분, 30분

① 두 버스가 처음에 동시에 출발하는 시각은 오전 8시입니다.

② 두 버스는 각각 20분, 30분마다 출발합니다.

③ 두 버스가 다음번에 동시에 출발하는 시각은 20과 30의 최소공배수인 60분 후입니다.

④ 바로 다음번에 두 버스가 동시에 출발하는 시각은 오전 8시부터 60분이 지난 오전 9시입니다.

활동 문제 대전행, 대구행, 청주행, 광주행 버스가 오전 9시에 동시에 출발하여 일정한 간격으로 출발합니다. 버스 출발 시간표를 보고 바로 다음번에 두 버스가 동시에 출발하는 시각을 각각 구해 보세요.

❶

대전행	대구행
오전 09:00	오전 09:00
09:30	09:40
10:00	10:20
10:30	11:00

(   )

❷

청주행	광주행
오전 09:00	오전 09:00
09:50	10:00
10:40	11:00
11:30	12:00

(   )

1-1 정류장에 대전행 버스는 10분마다 도착하고 부산행 버스는 20분마다 도착합니다. 두 버스가 오전 9시에 처음으로 동시에 도착했을 때 오전 10시까지 두 버스가 동시에 도착하는 시각을 모두 써 보세요. (단, 오전 9시도 포함합니다.)

(　　　　　　　　　　　　　　　　　　　　　　　　　)

❶ 대전행 버스는 10분마다, 부산행 버스는 20분마다 도착하므로 10과 20의 공배수인 시간이 지날 때마다 동시에 도착합니다.

❷ 오전 9시부터 오전 10시까지 동시에 도착하는 시각을 모두 구합니다.

1-2 정류장에 파란색 버스는 8분마다 도착하고 초록색 버스는 12분마다 도착합니다. 두 버스가 오전 10시에 처음으로 동시에 도착했을 때 오전 11시까지 두 버스가 동시에 도착하는 시각을 모두 구해 보세요. (단, 오전 10시도 포함합니다.)

(1) 8과 12의 최소공배수를 구해 보세요.

(　　　　　　　　　　　　)

(2) 파란색 버스와 초록색 버스는 몇 분마다 동시에 도착하나요?

(　　　　　　　　　　　　)

(3) ☐ 안에 알맞은 수를 써넣으세요.

파란색 버스와 초록색 버스는 오전 ☐시부터 ☐분마다 동시에 도착합니다.

따라서 오전 11시까지 두 버스가 동시에 도착하는 시각은 오전 10시, 오전 10시 ☐분,

오전 10시 ☐분입니다.

2-1 연지는 2일마다, 현수는 4일마다, 승희는 10일마다 도서관에 갑니다. 오늘 세 사람이 도서관에 갔다면 바로 다음번에 세 사람이 동시에 도서관에 가는 날은 오늘로부터 며칠 후인지 구해 보세요.

 세 사람이 도서관에 가는 주기의 최소공배수를 구하면 돼요.

 세 수의 최소공배수를 구하려면 두 수의 최소공배수를 구한 후 그 수와 남은 수의 최소공배수를 구하면 돼요.

(   )

- **구하려는 것:** 오늘로부터 바로 다음번에 세 사람이 동시에 도서관에 가는 날
- **주어진 조건:** 세 사람이 도서관에 가는 주기, 오늘 세 사람이 도서관에 감.
- **해결 전략:** ❶ 연지와 현수가 도서관에 가는 주기의 최소공배수 구하기
  　　　　　　❷ ❶에서 구한 최소공배수와 승희가 도서관에 가는 주기의 최소공배수 구하기

✎ 구하려는 것(⌒⌒)과 주어진 조건(────)에 표시해 봅니다.

2-2 형우는 9일마다, 만기는 12일마다, 진우는 18일마다 수영장에 갑니다. 오늘 세 사람이 수영장에 갔다면 바로 다음번에 세 사람이 동시에 수영장에 가는 날은 오늘로부터 며칠 후인지 구해 보세요.

> **해결 전략**
> ❶ 형우와 만기가 수영장에 가는 주기의 최소공배수 구하기
> ❷ ❶에서 구한 최소공배수와 진우가 수영장에 가는 주기의 최소공배수 구하기

(   )

2-3 지수는 2일마다 빵집에 가고, 3일마다 마트에 갑니다. 또 5일마다 시장에 갑니다. 오늘 세 군데를 모두 갔다면 바로 다음번에 세 군데를 모두 가는 날은 오늘로부터 며칠 후인지 구해 보세요.

(   )

1

보기 와 같이 아래에 있는 두 수의 최소공배수를 위의 빈칸에 써넣으세요.

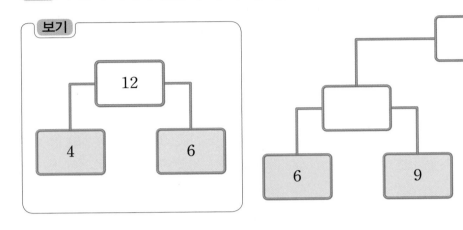

2

전주행 버스와 부산행 버스가 일정한 간격으로 출발합니다. 버스 시간표를 보고 오전 9시에 두 버스가 동시에 출발했을 때 바로 다음번에 두 버스가 동시에 출발하는 시각을 구해 보세요.

전주행 출발 시각	부산행 출발 시각
09:00	09:00
09:25	09:30
09:50	10:00
⋮	⋮

(   )

3
문제 해결

유미는 2일마다, 현희는 3일마다, 진희는 4일마다 수영장을 갑니다. 세 사람이 8월 1일에 수영장을 갔다면 8월 한 달 동안 세 사람이 같은 날에 수영장을 가는 날은 모두 몇 번인지 구해 보세요. (단, 1일도 포함합니다.)

(　　　　　　　　)

4
추론

가▲나를 가와 나의 최소공배수라고 약속할 때, 다음을 구해 보세요.

$$(8 ▲ 20) ▲ 16$$

(　　　　　　　　)

5
추론

다음 조건 의 □ 안에 들어갈 수 있는 수 중에서 400에 가장 가까운 수를 구해 보세요.

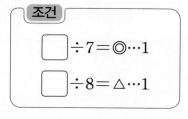

조건

$$□ ÷ 7 = ◎ \cdots 1$$
$$□ ÷ 8 = △ \cdots 1$$

□-1은
7과 8로 나누어져요.

(　　　　　　　　)

1 암호 표를 보고 암호 해독하기

예 암호 표를 보고 주어진 암호 해독하기

기존	A	B	C	D	E
암호	B	C	D	E	F

암호

BDF

① 암호 문자를 암호 표에서 찾습니다.

② 암호 문자에 대응하는 기존 문자로 바꿉니다.

A	B	C	D	E
B	C	D	E	F

B→A, D→C,
F→E예요.

③ 암호를 해독합니다.

BDF ➡ ACE

활동 문제　암호 표를 이용하여 암호를 해독해 보세요.

암호 표

기존	A	B	C	D	E	F	G	H	I	J	K	L	M	N	O	P
암호	G	H	I	J	K	L	M	N	O	P	Q	R	S	T	U	V

❶
MUUJ　INORJ

(　　　　　　　　)

❷
HRGIQ　NURK

(　　　　　　　　)

▶ 정답 및 해설 11쪽

2 암호 표에서 대응 관계를 찾아 완성하기

- 표에서 기존 문자와 암호 문자 사이의 대응 관계를 알아봅니다.
- 대응 관계를 이용하여 암호 표를 완성합니다.

예 암호 표 완성하기

기존	A	B	C	D	E	F	G	H	I
암호	B	C	D	E	F		H		K

① A B C D E ➡ 알파벳을 순서대로 썼을 때 기존 알파벳 바로 다음에
   B C D E F   오는 알파벳을 암호로 정했습니다.

② F 다음에 오는 알파벳은 G, H 다음에 오는 알파벳은
I이므로 F ➡ G이고 H ➡ I입니다.

기존	F	G	H	I
암호	G	H	I	K

활동 문제 연우는 암호를 해독할 수 있는 암호 표를 가지고 있습니다. 빈 곳에 알맞은 알파벳을 써넣어 암호 표를 완성해 보세요.

연우

기존	A	B	C	D	E	F	G	H	I	J	K	L	M
암호	E	F	G	H	I			L	M	N	O		Q

기존	N	O	P	Q	R	S	T	U	V	W	X	Y	Z
암호	R	S		U	V	W		Y	Z	A		C	D

1-1 암호 표에서 대응 관계를 찾아 암호를 해독해 보세요.

기존	A	B	C
암호	C	D	E

CRRNG

(   )

❶ 표에서 기존 문자와 암호 문자 사이의 대응 관계를 찾습니다.

❷ 대응 관계를 이용하여 암호 표를 만들고 암호를 해독합니다.

기존	A	B	C	D	E	F	G	H	I	J	K	L	M	N	O	P
암호	C	D	E	F	G	H	I	J	K	L	M	N	O	P	Q	R

1-2 암호 표에서 대응 관계를 찾아 암호를 해독해 보세요.

기존	A	B	C	D
암호	B	C	D	E

LJOH

(1) 기존 문자와 암호 문자 사이의 대응 관계를 이용하여 암호 표를 완성해 보세요.

기존	E	F	G	H	I	J	K	L	M	N
암호	F	G								

(2) 암호를 해독해 보세요.   (   )

1-3 암호 표에서 대응 관계를 찾아 암호를 해독해 보세요.

기존	A	B	C	D
암호	Y	Z	A	B

DCKYJC

(1) 기존 문자와 암호 문자 사이의 대응 관계를 이용하여 암호 표를 완성해 보세요.

기존	E	F	G	H	I	J	K	L	M	N
암호	C									

(2) 암호를 해독해 보세요.   (   )

2-1 서진이가 다음과 같이 삼각형 조각과 사각형 조각을 이용하여 규칙적인 배열을 만들고 있습니다. 서진이가 삼각형 조각 10개를 이용하여 모양을 만들 때 사각형 조각은 몇 개 필요한지 구해 보세요.

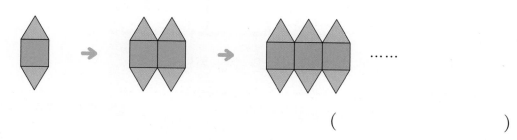

(   )

- **구하려는 것**: 삼각형 조각 10개를 이용하여 모양을 만들 때 필요한 사각형 조각의 수
- **주어진 조건**: 삼각형 조각과 사각형 조각을 이용하여 만든 규칙적인 배열
- **해결 전략**: ❶ 삼각형 조각과 사각형 조각의 수 사이의 대응 관계 알아보기
  ❷ 대응 관계를 이용하여 삼각형 조각이 10개일 때 필요한 사각형 조각의 수 구하기

✏️ 구하려는 것(～～)과 주어진 조건(────)에 표시해 봅니다.

2-2 준서가 다음과 같이 삼각형 조각과 사각형 조각을 이용하여 규칙적인 배열을 만들고 있습니다. 준서가 삼각형 조각 20개를 이용하여 모양을 만들 때 사각형 조각은 몇 개 필요한지 구해 보세요.

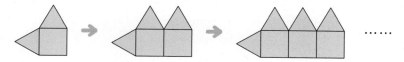

> **해결 전략**
> ❶ 삼각형 조각과 사각형 조각의 수 사이의 대응 관계 알아보기
> ❷ 대응 관계를 이용하여 삼각형 조각이 20개일 때 필요한 사각형 조각의 수 구하기

(   )

2-3 미호가 다음과 같이 원 조각과 사각형 조각을 이용하여 규칙적인 배열을 만들고 있습니다. 미호가 사각형 조각 25개를 이용하여 모양을 만들 때 원 조각은 몇 개 필요한지 구해 보세요.

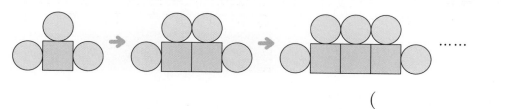

(   )

1 성냥개비로 다음과 같이 정사각형을 만들 때 정사각형 6개를 만드는 데 필요한 성냥개비는 몇 개인지 구해 보세요.

문제 해결

(1) 규칙을 찾아 ☐ 안에 알맞은 수를 써넣으세요.

정사각형의 수(개)	성냥개비를 구하는 식
1	4
2	4+☐
3	4+☐×2
4	4+☐×☐

(2) 정사각형 6개를 만들려면 성냥개비는 몇 개 필요할까요?

(   )

2 영진이는 다음과 같은 암호 표를 가지고 있습니다. 암호 표를 보고 AOH라는 암호를 해독하면 ㄱㅏㅇ ➡ 강입니다. 같은 방법으로 주어진 암호를 해독해 보세요.

코딩

암호 표

기존	ㄱ	ㄴ	ㄷ	ㄹ	ㅁ	ㅂ	ㅅ	ㅇ	ㅈ	ㅊ	ㅋ	ㅌ
암호	A	B	C	D	E	F	G	H	I	J	K	L
기존	ㅍ	ㅎ	ㅏ	ㅑ	ㅓ	ㅕ	ㅗ	ㅛ	ㅜ	ㅠ	ㅡ	ㅣ
암호	M	N	O	P	Q	R	S	T	U	V	W	X

J Q B I O X

(   )

▶ 정답 및 해설 11쪽

 3
추론

다음과 같이 점선을 따라 밧줄을 자르려고 합니다. 밧줄을 21도막으로 자르려면 몇 번 잘라야 하는지 구해 보세요.

1번   2번   3번

(   )

2주
2일

 4
창의 · 융합

3개의 상자 중 한 개에만 보물이 들어 있습니다. 암호 표를 보고 암호를 해독했을 때 나오는 번호를 선택하여 사다리를 타고 내려가면 보물이 들어 있는 상자가 있습니다. 보물이 들어 있는 상자에 ○표 하세요.

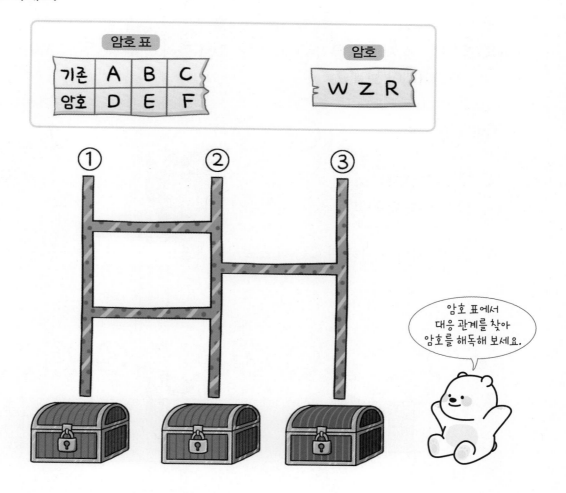

암호 표에서
대응 관계를 찾아
암호를 해독해 보세요.

1 요술 상자에 넣은 숫자와 나온 숫자 사이의 대응 관계를 식으로 나타내기

예 요술 상자에 넣은 수를 ●, 나온 수를 ■라고 할 때, 두 양 사이의 대응 관계를 식으로 나타내기

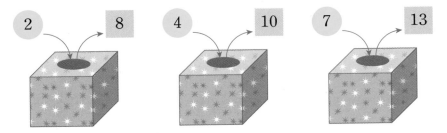

① 넣은 수와 나온 수 사이의 대응 관계를 찾습니다.

➡ 넣은 수에 6을 더하면 나온 수와 같습니다.

② 기호를 사용하여 대응 관계를 식으로 나타냅니다.

➡ ●＋6＝■ 또는 ■－6＝●와 같이 나타낼 수 있습니다.

활동 문제   요술 상자에 넣은 수를 ●, 나온 수를 ■라고 할 때, 두 양 사이의 대응 관계를 식으로 나타내어 보세요.

❶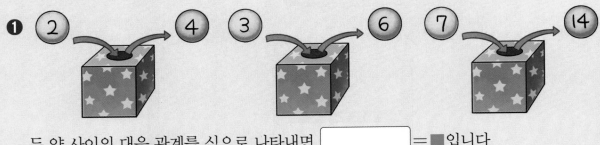

두 양 사이의 대응 관계를 식으로 나타내면 [＿＿＿＿＿] ＝■입니다.

❷

두 양 사이의 대응 관계를 식으로 나타내면 [＿＿＿＿＿] ＝■입니다.

2 식으로 나타낸 대응 관계를 보고 모르는 수 구하기

예 ▲－3＝■일 때 ㉠, ㉡, ㉢은 얼마인지 구하기

■	5	㉠	10
▲	㉡	11	㉢

- 11－3＝㉠ ➡ ㉠＝8
- ㉡－3＝5 ➡ ㉡＝5＋3＝8
- ㉢－3＝10 ➡ ㉢＝10＋3＝13

▲－3＝■이면
■＋3＝▲이에요.

식에 수를 넣어 보세요.

활동 문제　요술 상자에 넣은 수를 ■, 나온 수를 ▲라고 할 때, 두 양 사이의 대응 관계를 식으로 나타내면 ■＋5＝▲입니다. 빈 곳에 알맞은 수를 써넣으세요.

❶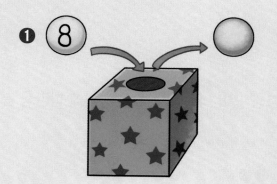

❷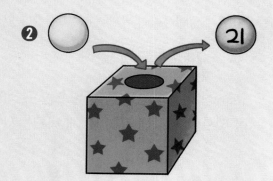

활동 문제　요술 상자에 넣은 수를 ■, 나온 수를 ▲라고 할 때, 두 양 사이의 대응 관계를 식으로 나타내면 ■×4＝▲입니다. 빈 곳에 알맞은 수를 써넣으세요.

❸

❹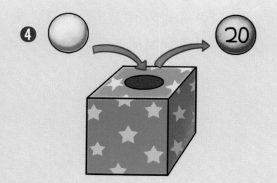

1-1 요술 상자에 파란색 공을 넣으면 규칙에 따라 빨간색 공이 나옵니다. 요술 상자에 파란색 공 10개를 넣으면 빨간색 공이 몇 개 나오는지 구해 보세요.

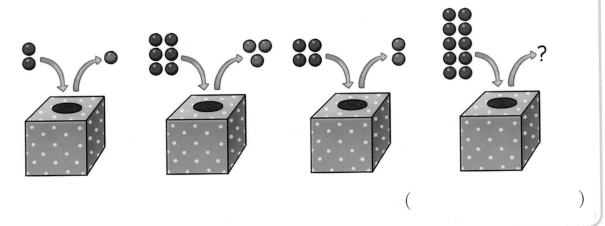

(   )

❶ 파란색 공의 수와 빨간색 공의 수 사이의 대응 관계를 찾습니다.

  ➡ 빨간색 공의 수는 파란색 공의 수의 반입니다.

❷ 대응 관계를 이용하여 파란색 공 10개를 넣었을 때 나오는 빨간색 공의 수를 구합니다.

1-2 요술 상자에 파란색 공을 넣으면 규칙에 따라 빨간색 공이 나옵니다. 요술 상자에 파란색 공 5개를 넣으면 빨간색 공이 몇 개 나오는지 구해 보세요.

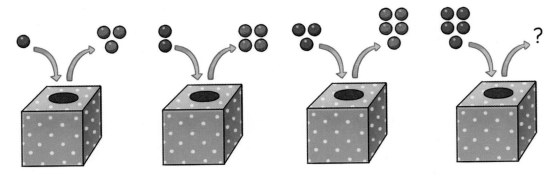

(1) 파란색 공의 수를 □, 빨간색 공의 수를 △라고 할 때, 두 양 사이의 대응 관계를 식으로 나타내어 보세요.

식 _____

(2) 파란색 공 5개를 넣으면 빨간색 공이 몇 개 나오는지 구해 보세요.

(   )

2-1 어느 식당에서 식탁 1개에 의자를 4개씩 놓으려고 합니다. 이 식당에 식탁 8개와 의자 33개가 있다면 모든 식탁에 의자를 놓았을 때 남는 의자는 몇 개인지 구해 보세요.

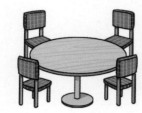  ……

(   )

- 구하려는 것: 놓고 남는 의자의 수
- 주어진 조건: 식탁 1개에 의자를 4개씩 놓음, 식탁 8개와 의자 33개가 있음, 모든 식탁에 의자를 놓음.
- 해결 전략: ❶ 식탁과 의자의 수 사이의 대응 관계 알아보기
  ❷ 식탁 8개에 놓는 의자의 수 구하기
  ❸ 전체 의자의 수에서 놓는 의자의 수를 빼어 남는 의자의 수 구하기

✎ 구하려는 것(〜〜)과 주어진 조건(———)에 표시해 봅니다.

2-2 어느 식당에서 식탁 1개에 의자를 2개씩 놓으려고 합니다. 이 식당에 식탁 7개와 의자 19개가 있다면 모든 식탁에 의자를 놓았을 때 남는 의자는 몇 개인지 구해 보세요.

> **해결 전략**
> ❶ 식탁과 의자의 수 사이의 대응 관계 알아보기
> ❷ 식탁 7개에 놓는 의자의 수 구하기
> ❸ 놓고 남는 의자의 수 구하기

(   )

2-3 사탕을 한 상자에 6개씩 담으려고 합니다. 사탕이 40개 있다면 6상자에 담고 남는 사탕은 몇 개인지 구해 보세요.

(   )

1 **코딩**

보기 를 보고 ◇와 ⬭에 들어간 수와 나온 수 사이의 대응 관계를 찾아 ☐ 안에 알맞은 수를 써넣으세요.

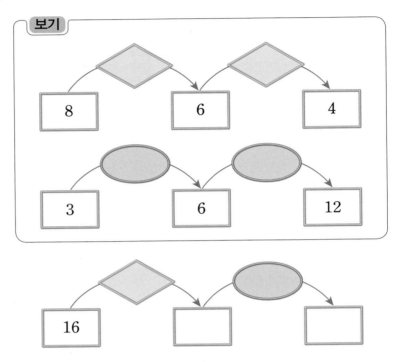

2 **문제 해결**

어느 식당에서 식탁 1개에 의자를 4개씩 놓으려고 합니다. 이 식당에 식탁 9개와 의자 26개가 있습니다. 식탁을 9개 놓으려면 의자는 몇 개가 더 필요한지 구해 보세요.

식탁 9개에
놓아야 하는 의자의 수를
먼저 구해요.

(   )

3 추론 요술 상자의 규칙을 찾아 빈 곳에 알맞은 수를 써넣으세요.

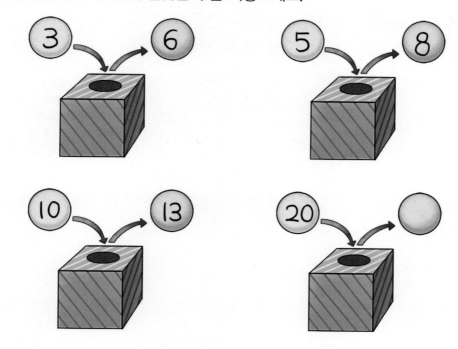

4 창의·융합 동물들이 요술 상자에 들어가면 규칙에 따라 숫자가 나옵니다. 요술 상자에 들어간 동물의 다리 수와 요술 상자에서 나온 수 사이의 대응 관계를 찾아 빈 곳에 알맞은 수를 써넣으세요.

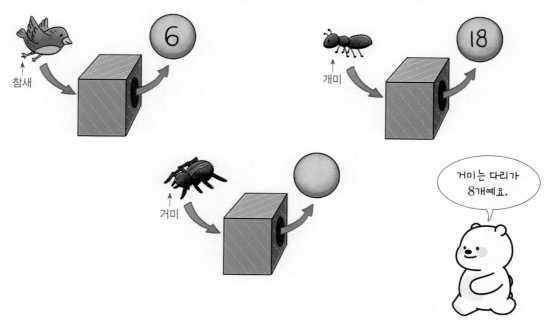

거미는 다리가 8개예요.

1 같은 수를 곱하여 크기가 같은 분수 만들기

	1열	2열	3열	4열
×	1	2	3	4
1행 → 1	1	2	3	4
2행 → 2	2	4	6	8

같은 열에서 1행의 수를 분자, 2행의 수를 분모로 하는 분수를 만들어요.

곱셈표에서 같은 열에 있는 1행과 2행의 수를 이용하여 크기가 같은 분수를 만들 수 있습니다.

→ $\frac{1}{2} = \frac{2}{4} = \frac{3}{6} = \frac{4}{8} = \cdots\cdots$

활동 문제 곱셈표를 보고 2행과 5행을 이용하여 $\frac{2}{5}$와 크기가 같은 분수를 3개 만들어 보세요.

×	1	2	3	4	5	6	7	8	9
1행 → 1	1	2	3	4	5	6	7	8	9
2행 → 2	2	4	6	8	10	12	14	16	18
3행 → 3	3	6	9	12	15	18	21	24	27
4행 → 4	4	8	12	16	20	24	28	32	36
5행 → 5	5	10	15	20	25	30	35	40	45
6행 → 6	6	12	18	24	30	36	42	48	54
7행 → 7	7	14	21	28	35	42	49	56	63
8행 → 8	8	16	24	32	40	48	56	64	72
9행 → 9	9	18	27	36	45	54	63	72	81

(　　　　　)

▶정답 및 해설 12쪽

2 같은 수로 나누어 크기가 같은 분수 만들기

예 $\frac{14}{21}$와 크기가 같은 분수 만들기

	×	1	2	3	4	5	6	7
1행 →	1	1	2	3	4	5	6	7
2행 →	2	2	4	6	8	10	12	(14)
3행 →	3	3	6	9	12	15	18	(21)

2행과 3행을 이용하면 $\frac{14}{21}$와 크기가 같은 분수를 만들 수 있습니다.

➔ $\frac{14}{21}=\frac{12}{18}=\frac{10}{15}=\frac{8}{12}=\frac{6}{9}=\frac{4}{6}=\frac{2}{3}$

활동 문제 곱셈표를 이용하여 $\frac{45}{81}$와 크기가 같은 분수를 3개 만들어 보세요.

	×	1	2	3	4	5	6	7	8	9
1행 →	1	1	2	3	4	5	6	7	8	9
2행 →	2	2	4	6	8	10	12	14	16	18
3행 →	3	3	6	9	12	15	18	21	24	27
4행 →	4	4	8	12	16	20	24	28	32	36
5행 →	5	5	10	15	20	25	30	35	40	(45)
6행 →	6	6	12	18	24	30	36	42	48	54
7행 →	7	7	14	21	28	35	42	49	56	63
8행 →	8	8	16	24	32	40	48	56	64	72
9행 →	9	9	18	27	36	45	54	63	72	(81)

( )

1-1 곱셈표의 일부를 보고 ☐ 안에 알맞은 수를 써넣으세요.

1행→	12	18	24	30	36
2행→	14	21	28	35	42

$$\frac{18}{21} = \frac{\boxed{}}{28} = \frac{36}{\boxed{}}$$

• 같은 열에서 1행의 수를 분자, 2행의 수를 분모로 하는 분수들끼리 크기가 같습니다.

1-2 곱셈표의 일부를 보고 $\frac{15}{25}$와 크기가 같은 분수를 만들어 보세요.

1행→	15	18	21	24
2행→	20	24	28	32
3행→	25	30	35	40

(1) $\frac{15}{25}$와 크기가 같은 분수를 만들기 위해서는 몇 행과 몇 행을 이용해야 할까요?

(,   )

(2) ☐ 안에 알맞은 수를 써넣으세요.

$\frac{15}{25}$와 크기가 같은 분수를 만들면 $\boxed{}$, $\boxed{}$, $\boxed{}$ 입니다.

1-3 곱셈표의 일부를 보고 $\frac{15}{24}$와 크기가 같은 분수를 만들어 보세요.

1행→	10	15	20
2행→	12	18	24
3행→	14	21	28
4행→	16	24	32
5행→	18	27	36

(1) $\frac{15}{24}$와 크기가 같은 분수를 만들기 위해서는 몇 행과 몇 행을 이용해야 할까요?

(,   )

(2) $\frac{15}{24}$와 크기가 같은 분수를 2개 만들어 보세요.

(,   )

2-1 현우, 영희, 지우가 분수를 하나씩 만들었습니다. 세 사람 중 두 사람이 만든 분수의 크기가 같을 때, 크기가 같은 분수를 만든 두 사람을 찾아 이름을 써 보세요.

(,   )

- **구하려는 것**: 크기가 같은 분수를 만든 두 사람
- **주어진 조건**: 세 사람이 만든 분수
- **해결 전략**: 분모와 분자에 0이 아닌 같은 수를 곱하거나 분모와 분자를 0이 아닌 같은 수로 나누어 크기가 같은 분수를 찾습니다.

✎ 구하려는 것(﹏﹏)과 주어진 조건(——)에 표시해 봅니다.

2-2 선우, 민희, 다애가 분수를 하나씩 만들었습니다. 세 사람 중 두 사람이 만든 분수의 크기가 같을 때, 크기가 같은 분수를 만든 두 사람을 찾아 이름을 써 보세요.

해결 전략

❶ 분모와 분자에 0이 아닌 같은 수를 곱하거나 분모와 분자를 0이 아닌 같은 수로 나누어 보기

❷ 크기가 같은 분수를 만든 두 사람 찾기

(,   )

2-3 세 분수 중 2개는 크기가 같은 분수입니다. 크기가 같지 <u>않은</u> 분수를 찾아 ×표 하세요.

$$\frac{24}{56} \qquad \frac{20}{70} \qquad \frac{3}{7}$$

1 빈 곳에 알맞은 분수를 써넣으세요.

코딩

(1)

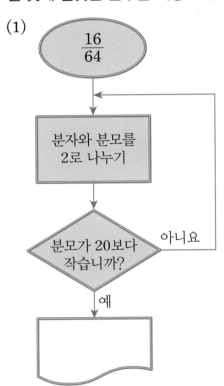

(2)

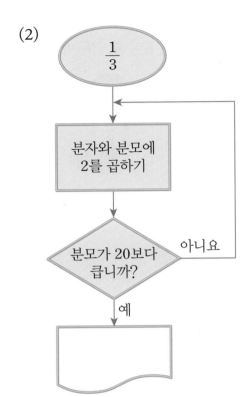

2 곱셈표의 일부를 보고 $\dfrac{8}{12}$ 과 크기가 같은 분수를 만들려고 합니다. ☐ 안에 알맞은 수를 써넣으세요.

추론

1행 → 8	10	12	14
2행 → 12	15	18	21
3행 → 16	20	24	28

$$\frac{8}{12} = \frac{\boxed{}}{15} = \frac{12}{\boxed{}} = \frac{14}{\boxed{}}$$

행을 따라가면
14가 분자인 분수의
분모를 알 수 있어요.

3 한 판이 8조각으로 나누어져 있는 피자가 3판 있습니다. 세 사람이 피자를 똑같이 나누어 먹고
문제 해결 남은 피자의 양이 전체의 $\frac{15}{24}$와 같으려면 한 사람이 몇 조각씩 먹어야 할까요?

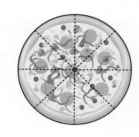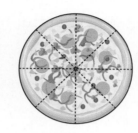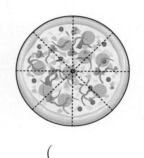

(   )

4 곱셈표의 일부를 보고 조건 을 만족하는 분수를 모두 구해 보세요.
추론

×	1	2	3	4	5	6
1	1	2	3	4	5	6
2	2	4	6	8	10	12
3	3	6	9	12	15	18
4	4	8	12	16	20	24
5	5	10	15	20	25	30

곱셈표를 보고
$\frac{3}{4}$과 크기가 같은 분수를
먼저 구해요.

조건
• $\frac{3}{4}$과 크기가 같은 분수입니다.
• 분모와 분자의 합이 20보다 크고 30보다 작습니다.

(   )

① 약분하기 전의 분수와 기약분수의 관계

분모와 분자를 ■로 나누어 기약분수를 만들었습니다. ── ■는 분모와 분자의 최대공약수

➜ 기약분수의 분모와 분자에 ■를 곱하면 약분하기 전의 분수입니다.

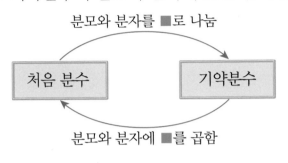

분모와 분자를 ■로 나눔

처음 분수 → 기약분수

분모와 분자에 ■를 곱함

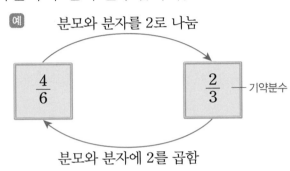

예 분모와 분자를 2로 나눔

$\dfrac{4}{6}$ → $\dfrac{2}{3}$ ── 기약분수

분모와 분자에 2를 곱함

활동 문제   약분했을 때 $\dfrac{1}{3}$ 이 되는 분수를 모두 찾아 ○표 하세요.

$\dfrac{7}{10}$

$\dfrac{16}{20}$

$\dfrac{6}{18}$

$\dfrac{2}{6}$

$\dfrac{12}{15}$

$\dfrac{3}{9}$

$\dfrac{5}{12}$

$\dfrac{3}{5}$

$\dfrac{6}{12}$

2 **여러 번 약분하여 기약분수 만들기**

분모와 분자를 ■로 나누고 다시 ▲로 나누어 기약분수를 만들었습니다.

➔ ■ × ▲로 나누어 약분하면 기약분수입니다.

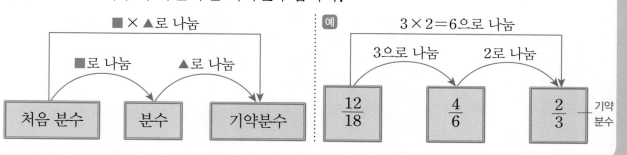

활동 문제 $\dfrac{36}{48}$ 을 약분했을 때 나올 수 있는 분수에 모두 ○표 하세요.

1-1 분모가 12보다 작은 분수 중 약분했을 때 $\frac{3}{5}$이 되는 분수를 구해 보세요.

( )

❶ $\frac{3}{5}$의 분모에 0이 아닌 수를 곱하였을 때 12보다 작은 경우를 찾습니다.

❷ ❶에서 분모에 곱한 수를 분자에도 곱하여 크기가 같은 분수를 만듭니다.

1-2 분모가 10보다 크고 20보다 작은 분수 중 약분했을 때 $\frac{2}{5}$가 되는 분수를 구해 보세요.

(1) 분모에 어떤 수를 곱해서 10보다 크고 20보다 작은 수가 되도록 만들려고 합니다. 어떤 수를 곱해야 하는지 구해 보세요.

( )

(2) (1)에서 구한 수를 $\frac{2}{5}$의 분모와 분자에 곱하여 만든 분수를 구해 보세요.

( )

1-3 분모가 20보다 크고 30보다 작은 분수 중 약분했을 때 $\frac{1}{4}$이 되는 분수를 모두 구해 보세요.

(1) 분모에 어떤 수를 곱해서 20보다 크고 30보다 작은 수가 되도록 만들려고 합니다. 어떤 수를 곱해야 하는지 모두 구해 보세요.

( )

(2) (1)에서 구한 수를 $\frac{1}{4}$의 분모와 분자에 곱하여 만든 분수를 모두 구해 보세요.

( )

2-1 어떤 분수의 분모와 분자를 2로 나누어 약분했더니 $\frac{18}{32}$이 되었습니다. 어떤 분수를 약분하여 기약분수로 나타내기 위해서는 분모와 분자를 몇으로 나누어야 하는지 구해 보세요.

| 어떤 분수 | 분모와 분자를 2로 나눔 → ← 분모와 분자에 2를 곱함 | $\frac{18}{32}$ | 분모와 분자를 최대공약수로 나눔 → ← 분모와 분자에 최대공약수를 곱함 | 기약분수 |

2주 5일

(   )

- 구하려는 것: 어떤 분수를 기약분수로 나타내기 위해 분모와 분자를 나누어야 하는 수
- 주어진 조건: 어떤 분수의 분모와 분자를 2로 나누어 약분했더니 $\frac{18}{32}$
- 해결 전략: ❶ $\frac{18}{32}$의 분모와 분자인 32와 18의 최대공약수 구하기
         ❷ ❶에서 구한 수와 2를 곱하기

✎ 구하려는 것(〰)과 주어진 조건(───)에 표시해 봅니다.

2-2 어떤 분수의 분모와 분자를 2로 나누어 약분했더니 $\frac{15}{21}$가 되었습니다. 어떤 분수를 약분하여 기약분수로 나타내기 위해서는 분모와 분자를 몇으로 나누어야 하는지 구해 보세요.

> **해결 전략**
> ❶ $\frac{15}{21}$의 분모와 분자의 최대공약수 구하기
> ❷ ❶에서 구한 수와 2를 곱하기

(   )

2-3 어떤 분수의 분모와 분자를 3으로 나누어 약분했더니 $\frac{20}{24}$이 되었습니다. 어떤 분수를 약분하여 기약분수로 나타내기 위해서는 분모와 분자를 몇으로 나누어야 하는지 구해 보세요.

(   )

1 코딩

어떤 분수의 분모와 분자에 7을 더한 후 분모와 분자를 8로 나누어 약분했더니 $\frac{2}{3}$ 가 되었습니다.

빈칸에 알맞은 분수를 써넣으세요.

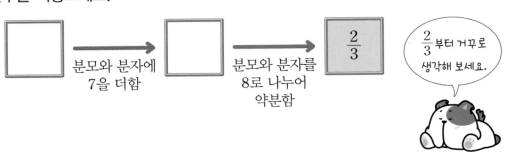

분모와 분자에
7을 더함

분모와 분자를
8로 나누어
약분함

$\frac{2}{3}$

$\frac{2}{3}$ 부터 거꾸로
생각해 보세요.

2 추론

조건 을 만족하는 분수를 구해 보세요.

조건

• 약분하면 $\frac{1}{4}$ 이 됩니다.

• 분모와 분자의 차는 15입니다.

(   )

3 문제 해결

직사각형의 세로를 가로로 나눈 분수를 약분하여 기약분수로 나타내었더니 $\frac{4}{5}$ 였습니다. 직사각형의 가로가 45 cm일 때 이 직사각형의 네 변의 길이의 합은 몇 cm인지 구해 보세요.

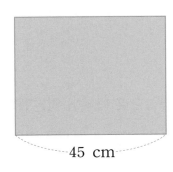

45 cm

(   )

4 어떤 분수를 여러 번 약분하여 기약분수로 나타내었습니다. 빈칸에 알맞은 분수를 써넣으세요.

추론

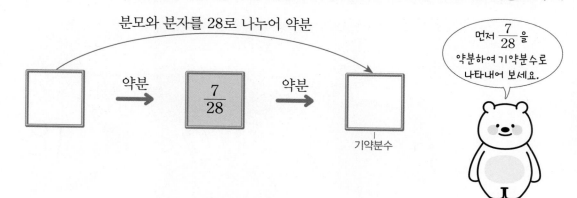

분모와 분자를 28로 나누어 약분

약분 → $\dfrac{7}{28}$ → 약분 → 기약분수

먼저 $\dfrac{7}{28}$ 을 약분하여 기약분수로 나타내어 보세요.

2주
5일

5 수 카드 3장 중 2장을 이용하여 진분수를 만들었을 때 기약분수는 모두 몇 개인지 구해 보세요.

추론

| 2 | 3 | 6 |

(   )

6 다음 분수 중 기약분수를 만들었을 때 분모와 분자의 합이 가장 큰 분수를 찾아 써 보세요.

문제 해결

$\dfrac{11}{44}$ $\dfrac{55}{110}$ $\dfrac{39}{52}$

(   )

1 모자를 보고 풍선의 주인을 찾아 선으로 이어 보세요. 창의 · 융합

2 그림에는 1부터 9까지의 9개의 수가 숨어 있어요. 가장 큰 수를 ①에, 두 번째로 큰 수를 ②에, 세 번째로 큰 수를 ③에 …… 가장 작은 수를 ⑨에 차례대로 써넣으세요. 그리고 ♡과 ♤ 사이의 대응 관계를 식으로 나타내어 보세요. 추론

♡	10	①	②	③	④
♤	⑤	⑥	⑦	⑧	⑨

➡ 식 _____

3 재훈이가 종이에 일정한 크기로 나눈 색종이를 붙여 작품을 만들었습니다. 재훈이가 만든 작품에서 색종이를 붙인 부분은 전체의 얼마인지 기약분수로 나타내어 보세요. 창의·융합

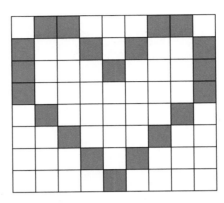

(　　　　　　　　　　)

4 다음 프로그램에서 각 화살표는 일정한 규칙에 따른 명령어입니다. 게임 화면을 보고 도착하는 칸에 알맞은 분수를 구해 보세요. 코딩

> **규칙**
>
> ➡ : 분모와 분자에 각각 2를 곱하기　　⬅ : 기약분수로 나타내기
>
> ⬆ : 분모와 분자에 각각 3을 곱하기　　⬇ : 분모와 분자에 각각 3을 더하기

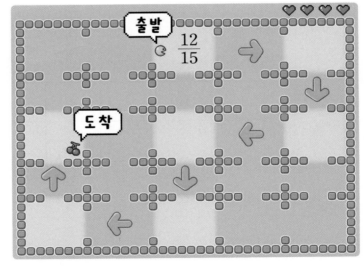

(　　　　　　　　　　)

5 준희와 규현이는 글자 카드를 가지고 규칙을 정해 암호를 만들기로 했습니다. 그리고 자신들만 알아 볼 수 있는 비밀 편지를 써 보기로 했습니다. 예를 들어 암호 A1H는 ㄱㅏㅇ ➡ 강을 의미합니다. 암호 표를 보고 준희와 규현이가 만든 암호를 해독하여 편지의 내용을 완성하세요. 추론

암호	A	B	C	D	E	F	G	H	I	J	K	L	M	N
해독	ㄱ	ㄴ	ㄷ	ㄹ	ㅁ	ㅂ	ㅅ	ㅇ	ㅈ	ㅊ	ㅋ	ㅌ	ㅍ	ㅎ

암호	1	2	3	4	5	6	7	8	9	10
해독	ㅏ	ㅑ	ㅓ	ㅕ	ㅗ	ㅛ	ㅜ	ㅠ	ㅡ	ㅣ

편지

I 7 B N 9 10 H 2

B 1 C 5 H 8 N 1 I 5 N H 1 N 1 10

D 1 H 10 F 3 D A 8 N 4 B

해독

6 　우리 조상들은 연도를 나타낼 때, 10일을 뜻하는 십간과 12종류의 동물을 뜻하는 십이지를 순서대로 하나씩 짝을 지어 갑자년, 을축년, 병인년 …… 갑술년, 을해년, 병자년……으로 해마다 이름을 붙이고, 그 해에 태어난 사람의 띠를 정해 왔습니다. 을해년은 몇 년마다 반복될까요? [창의·융합]

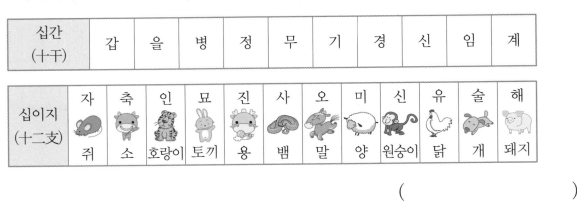

| 십간
(十干) | 갑 | 을 | 병 | 정 | 무 | 기 | 경 | 신 | 임 | 계 |

| 십이지
(十二支) | 자
쥐 | 축
소 | 인
호랑이 | 묘
토끼 | 진
용 | 사
뱀 | 오
말 | 미
양 | 신
원숭이 | 유
닭 | 술
개 | 해
돼지 |

(　　　　　　　　　　　)

7 　지혜와 은수가 각각 아래의 규칙에 따라 바둑돌을 놓을 때 두 사람이 세 번째로 같은 자리에 검은색 바둑돌을 놓는 경우는 몇째 자리인지 구해 보세요. [문제 해결]

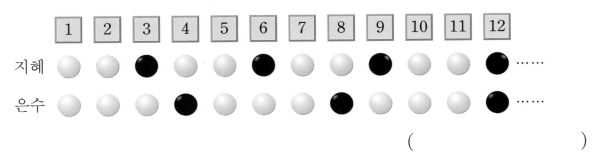

(　　　　　　　　　　　)

[8~10] 다음은 세계 여러 나라들의 같은 시간대 시각을 나타낸 것입니다. 영국 런던을 기준으로 + 표시가 있는 곳은 런던 시각에 시간을 더하면 되고, − 표시가 있는 곳은 런던 시각에서 시간을 빼면 됩니다. 물음에 답하세요. 창의·융합 추론

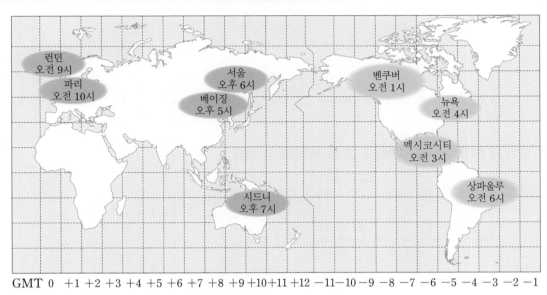

8 파리의 시각은 런던의 시각보다 몇 시간 빠를까요?

(   )

9 시드니의 시각은 런던의 시각보다 몇 시간 빠를까요?

(   )

10 런던이 오전 6시일 때, 시드니는 오후 몇 시일까요?

(   )

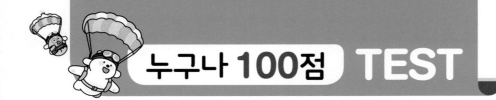

1 시장을 종호는 4일마다 가고, 정수는 6일마다 갈 때 오늘 두 사람이 동시에 시장에 갔다면 바로 다음번에 두 사람이 동시에 시장에 가는 날은 오늘로부터 며칠 후인지 구해 보세요.

(   )

2 암호 표에서 대응 관계를 찾아 암호를 해독해 보세요.

기존	A	B	C	D
암호	B	C	D	E

T D I P P M

(   )

[3~4] 요술 상자에 수를 넣으면 다른 수가 나옵니다. 요술 상자에 넣은 수와 나온 수를 보고 물음에 답하세요.

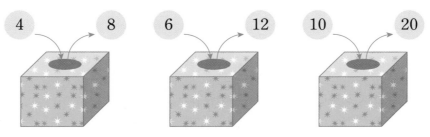

3 요술 상자에 넣은 수를 □, 나온 수를 △라고 할 때, 두 양 사이의 대응 관계를 식으로 나타내어 보세요.

식 _____

4 요술 상자에 15를 넣었을 때 나오는 수를 구해 보세요.

(   )

[5~7] 다음은 곱셈표의 일부입니다. 물음에 답하세요.

×	3	4	5	6
4	12	16	20	24
5	15	20	25	30
6	18	24	30	36
7	21	28	35	42

5 곱셈표를 이용하여 $\dfrac{18}{21}$ 과 크기가 같은 분수를 3개 써 보세요.

(   )

6 곱셈표를 이용하여 $\dfrac{12}{18}$ 와 크기가 같은 분수를 3개 써 보세요.

(   )

7 곱셈표를 이용하여 $\dfrac{24}{30}$ 와 크기가 같은 분수를 3개 써 보세요.

(   )

8 분모가 7보다 크고 10보다 작은 분수 중 약분했을 때 $\dfrac{2}{3}$ 가 되는 분수를 구해 보세요.

(   )

오늘 수학 시간에 뭘 배웠어?

통분을 배웠어.

통분?

통째로 분해한다는 이야기인가?

분수의 분모를 같게 하는 것을 통분한다고 하고

① 두 분모의 곱을 공통분모로 하여 통분하기

$$\left(\frac{5}{6}, \frac{7}{8}\right) \rightarrow \left(\frac{5\times8}{6\times8}, \frac{7\times6}{8\times6}\right) \rightarrow \left(\frac{40}{48}, \frac{42}{48}\right)$$

② 두 분모의 최소공배수를 공통분모로 하여 통분하기

$$\left(\frac{5}{6}, \frac{7}{8}\right) \rightarrow \left(\frac{5\times4}{6\times4}, \frac{7\times3}{8\times3}\right) \rightarrow \left(\frac{20}{24}, \frac{21}{24}\right)$$

통분한 분모를 공통분모라고 하는거야.

천재 명예의 전당

천재 인정!

이그~ 이건 누구나 알 수 있는 거라구!

내가 모르는 걸 알고 있으면 모두 천재야.

크크.

공통분모를 18로 하여 통분했어요.

$$\left(\frac{1}{6},\ \frac{1}{9}\right) \rightarrow \left(\frac{1\times3}{6\times3},\ \frac{1\times2}{9\times2}\right) \rightarrow \left(\frac{3}{18},\ \frac{2}{18}\right)$$

분수의 크기를 비교할 때에는 분수를 통분하여 분자의 크기를 비교해요.

확인 문제

1-1 분모의 곱을 공통분모로 하여 통분하려고 합니다. ☐ 안에 알맞은 수를 써넣어 통분하세요.

(1) $\left(\dfrac{2}{3},\ \dfrac{3}{8}\right) \rightarrow \left(\dfrac{\boxed{}}{24},\ \dfrac{\boxed{}}{24}\right)$

(2) $\left(\dfrac{1}{6},\ \dfrac{2}{9}\right) \rightarrow \left(\dfrac{\boxed{}}{54},\ \dfrac{\boxed{}}{54}\right)$

한번 더

1-2 분모의 최소공배수를 공통분모로 하여 통분하려고 합니다. ☐ 안에 알맞은 수를 써넣어 통분하세요.

(1) $\left(\dfrac{3}{4},\ \dfrac{1}{6}\right) \rightarrow \left(\dfrac{\boxed{}}{12},\ \dfrac{\boxed{}}{12}\right)$

(2) $\left(\dfrac{1}{4},\ \dfrac{3}{10}\right) \rightarrow \left(\dfrac{\boxed{}}{20},\ \dfrac{\boxed{}}{20}\right)$

2-1 두 분수의 크기를 비교하여 ○ 안에 >, =, <를 써넣으세요.

(1) $\dfrac{3}{10}$ ◯ $\dfrac{7}{20}$

(2) $\dfrac{2}{3}$ ◯ $\dfrac{3}{4}$

2-2 두 수의 크기를 비교하여 ○ 안에 >, =, <를 써넣으세요.

(1) $\dfrac{4}{5}$ ◯ 0.7

(2) 0.4 ◯ $\dfrac{2}{7}$

분수의 덧셈과 뺄셈은 분모를 통분하여 분자끼리 계산해요.

$$\frac{1}{2} + \frac{1}{3} = \frac{3}{6} + \frac{2}{6} = \frac{5}{6}$$

$$\frac{1}{2} - \frac{1}{3} = \frac{3}{6} - \frac{2}{6} = \frac{1}{6}$$

대분수일 경우 자연수는 자연수끼리, 분수는 분수끼리 계산해요.

확인 문제

3-1 $\frac{2}{3} + \frac{1}{6}$ 을 계산하려고 합니다. ☐ 안에 알맞은 수를 써넣으세요.

$$\frac{2}{3} + \frac{1}{6} = \frac{\boxed{}}{6} + \frac{1}{6} = \frac{\boxed{}}{6}$$

한번 더

3-2 계산을 하세요.

(1) $\frac{4}{9} + \frac{5}{12}$

(2) $1\frac{1}{2} + \frac{1}{4}$

4-1 $\frac{3}{4} - \frac{1}{2}$ 을 계산하려고 합니다. ☐ 안에 알맞은 수를 써넣으세요.

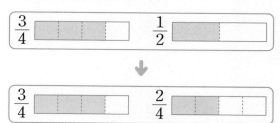

$$\frac{3}{4} - \frac{1}{2} = \frac{3}{4} - \frac{\boxed{}}{4} = \frac{\boxed{}}{4}$$

4-2 계산을 하세요.

(1) $\frac{5}{9} - \frac{1}{6}$

(2) $2\frac{1}{2} - 1\frac{1}{4}$

1 통분하기 전의 두 기약분수 구하기

분모와 분자를 최대공약수로 나누어 약분합니다.

예 두 기약분수를 통분했더니 $\frac{45}{90}$와 $\frac{2}{90}$일 때, 통분하기 전의 기약분수 구하기

통분 　→ $\left(\dfrac{45}{90},\ \dfrac{2}{90}\right)$

통분

$\dfrac{45}{90} = \dfrac{1}{2}$ 　　　　　 $\dfrac{2}{90} = \dfrac{1}{45}$

약분 　$\left(\dfrac{1}{2},\ \dfrac{1}{45}\right)$ 　약분

$\dfrac{45}{90} \rightarrow \dfrac{45 \div 45}{90 \div 45} = \dfrac{1}{2}$
$\dfrac{2}{90} \rightarrow \dfrac{2 \div 2}{90 \div 2} = \dfrac{1}{45}$

활동 문제 　어선에 통분한 두 분수가 적혀있습니다. 통분하기 전의 기약분수가 적힌 물고기를 찾아 배와 선으로 연결해 보세요.

2 통분하기 전의 세 기약분수 구하기

예 세 기약분수를 통분했더니 $\frac{6}{12}$, $\frac{9}{12}$, $\frac{2}{12}$일 때, 통분하기 전의 기약분수 구하기

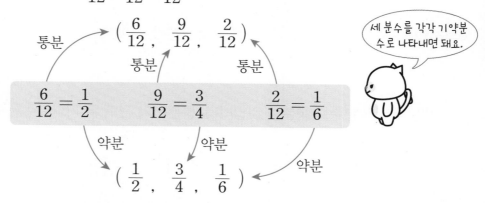

통분 $\longrightarrow$ $\left(\frac{6}{12} , \frac{9}{12} , \frac{2}{12} \right)$

통분   통분

$\frac{6}{12} = \frac{1}{2}$ $\frac{9}{12} = \frac{3}{4}$ $\frac{2}{12} = \frac{1}{6}$

약분   약분   약분

$\left(\frac{1}{2} , \frac{3}{4} , \frac{1}{6} \right)$

세 분수를 각각 기약분수로 나타내면 돼요.

활동 문제 어선에 통분한 세 분수가 적혀 있습니다. 통분하기 전의 기약분수가 적힌 물고기를 찾아 배와 선으로 연결하세요.

$\left(\frac{10}{40} , \frac{25}{40} , \frac{24}{40} \right)$

$\left(\frac{2}{20} , \frac{8}{20} , \frac{15}{20} \right)$

$\frac{1}{2}$ $\frac{1}{4}$

$\frac{5}{8}$ $\frac{3}{5}$

$\frac{1}{10}$

$\frac{2}{5}$ $\frac{3}{4}$

1-1 어떤 두 기약분수를 통분한 것입니다. 통분하기 전의 두 기약분수를 구해 보세요.

$$\left(\frac{28}{40}, \frac{35}{40} \right) \rightarrow (\qquad , \qquad)$$

● 분수를 분모와 분자의 최대공약수로 나누면 기약분수가 됩니다.

1-2 어떤 두 기약분수를 통분한 것입니다. 통분하기 전의 두 기약분수를 구해 보세요.

$$\left(\frac{4}{24}, \frac{18}{24} \right)$$

(1) $\frac{4}{24}$의 분모와 분자의 최대공약수를 구해 보세요.

(　　　　　)

(2) $\frac{18}{24}$의 분모와 분자의 최대공약수를 구해 보세요.

(　　　　　)

(3) 통분하기 전의 두 기약분수를 구해 보세요.

(　　 , 　　)

1-3 어떤 두 기약분수를 통분한 것입니다. 통분하기 전의 두 기약분수를 구해 보세요.

$$\left(\frac{8}{28}, \frac{21}{28} \right)$$

(1) $\frac{8}{28}$과 $\frac{21}{28}$의 분모와 분자의 최대공약수를 각각 구해 보세요.

(　　 , 　　)

(2) 통분하기 전의 두 기약분수를 구해 보세요.

(　　 , 　　)

▶ 정답 및 해설 17쪽

2-1 80을 공통분모로 하여 세 분수를 통분하였더니 각각 분자가 16, 20, 30인 분수가 되었습니다. 통분하기 전의 세 기약분수를 구해 보세요.

(　　　　　　 , 　　　　　 , 　　　　　)

- 구하려는 것: 통분하기 전의 세 기약분수
- 주어진 조건: 공통분모는 80이고 분자가 16, 20, 30인 분수
- 해결 전략: ❶ 통분한 세 분수 구하기
　　　　　　 ❷ 세 분수를 각각 분모와 분자의 최대공약수로 나누기

✎ 구하려는 것(～～)과 주어진 조건(——)에 표시해 봅니다.

2-2 60을 공통분모로 하여 세 분수를 통분하였더니 각각 분자가 6, 15, 20인 분수가 되었습니다. 통분하기 전의 세 기약분수를 구해 보세요.

해결 전략
❶ 60을 공통분모로 하여 통분한 세 분수 구하기
❷ ❶에서 구한 세 분수를 기약 분수로 나타내기

(　　　　　 , 　　　　　 , 　　　　　)

2-3 주어진 세 수를 각각 분자로 하고 분모가 45인 세 분수를 만들었습니다. 만든 세 분수를 약분하여 기약분수로 나타내어 보세요.

(　　　　　 , 　　　　　 , 　　　　　)

1 조건 을 만족하는 두 분수를 구해 보세요.

문제 해결

> **조건**
>
> • 분자가 1인 진분수입니다.
> • 두 분수를 통분했을 때 공통분모인 57은 두 분모의 곱입니다.

(　　　　　 , 　　　　　)

2 48을 공통분모로 하여 통분할 수 있는 두 기약분수를 찾아보세요.

추론

$$\frac{7}{36} \quad \frac{11}{24} \quad \frac{3}{10} \quad \frac{15}{16}$$

(　　　　　 , 　　　　　)

3 두 기약분수를 분모의 최소공배수를 공통분모로 하여 통분하였더니 $\frac{4}{18}$, $\frac{3}{18}$ 이었습니다. 두 기약분수를 분모의 곱을 공통분모로 하여 통분해 보세요.

문제 해결

(　　　　　 , 　　　　　)

4
70을 공통분모로 하여 두 진분수를 통분할 수 있습니다. ☐ 안에 알맞은 수를 구해 보세요.

(단, ☐ 안에 알맞은 수는 7의 배수가 아닙니다.)

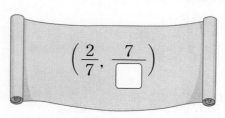

$$\left(\frac{2}{7},\ \frac{7}{\boxed{}} \right)$$

(   )

5
분모가 다른 두 진분수를 통분한 것입니다. ☐ 안에 들어갈 수 있는 자연수를 모두 구해 보세요.

$$\left(\frac{3}{8},\ \frac{11}{\bullet} \right) \rightarrow \left(\frac{9}{24},\ \frac{\boxed{}}{24} \right)$$

(,   )

6
▭ 안에 있는 분수는 아래에 있는 분수를 통분한 분수이고 ⬭ 안에 있는 분수는 기약분수입니다. 빈 곳에 알맞은 분수를 써넣으세요.

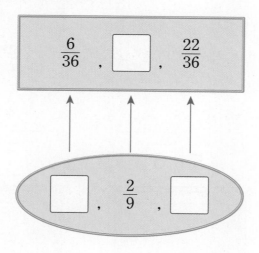

$$\frac{6}{36}\ ,\ \boxed{}\ ,\ \frac{22}{36}$$

$$\boxed{}\ ,\ \frac{2}{9}\ ,\ \boxed{}$$

❶ 수 카드로 만든 진분수의 크기 비교하기

• 수 카드로 진분수 만들기

예 1, 2 로 진분수 만들기

1 < 2 이므로 1 을 분자에, 2 를 분모에 놓습니다. → $\frac{1}{2}$

큰 수 카드를 분모에 놓아요.

• 진분수의 크기 비교하기

통분하여 분자의 크기를 비교합니다. ▲ < ■ → $\frac{▲}{●}$ < $\frac{■}{●}$

예 $\frac{1}{2}$ 과 $\frac{2}{3}$ 의 크기 비교: $\left(\frac{1}{2}, \frac{2}{3}\right)$ → $\left(\frac{3}{6}, \frac{4}{6}\right)$ → $\frac{1}{2}$ < $\frac{2}{3}$

활동 문제 두 사람이 가지고 있는 수 카드를 한 번씩만 사용하여 진분수를 만들었습니다. 더 큰 분수를 만든 사람의 이름을 써 보세요.

세진   진영

더 큰 분수를 만든 사람: ☐

진식   용대

더 큰 분수를 만든 사람: ☐

② 수 카드로 만든 대분수의 크기 비교하기

• 수 카드 3장으로 가장 큰 대분수 만들기 (●<▲<■)

■를 자연수 부분에 놓고 ▲를 분모에 놓습니다. ➔ ■$\dfrac{●}{▲}$

• 수 카드 3장으로 가장 작은 대분수 만들기 (●<▲<■)

●를 자연수 부분에 놓고 ■를 분모에 놓습니다. ➔ ●$\dfrac{▲}{■}$

• 대분수의 크기 비교하기

자연수 부분을 비교하고 자연수 부분이 같으면 진분수 부분을 비교합니다.

예 $2\dfrac{3}{4}$과 $2\dfrac{4}{5}$의 크기 비교: $\left(\dfrac{3}{4},\ \dfrac{4}{5}\right)$ ➔ $\left(\dfrac{15}{20},\ \dfrac{16}{20}\right)$ ➔ $\dfrac{3}{4}<\dfrac{4}{5}$ ➔ $2\dfrac{3}{4}<2\dfrac{4}{5}$

자연수 부분이 2로 같으므로 진분수 부분을 통분하여 비교합니다.

활동 문제 두 사람이 가지고 있는 수 카드를 한 번씩만 사용하여 대분수를 만들었습니다. 각자 가장 큰 대분수를 만들었을 때 더 큰 분수를 만든 사람의 이름을 써 보세요.

①

예지 다슬

더 큰 분수를 만든 사람: ☐

②

은지 슬기

더 큰 분수를 만든 사람: ☐

1-1 두 사람이 가지고 있는 수 카드를 한 번씩만 사용하여 진분수를 만들었습니다. 더 큰 분수를 만든 사람의 이름을 써 보세요.

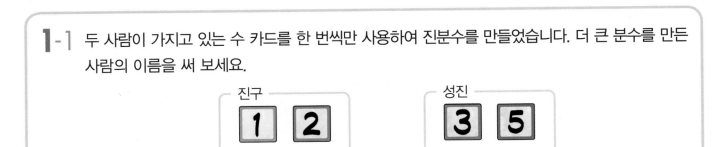

진구

1 2

성진

3 5

(   )

❶ 각자의 수 카드로 만들 수 있는 진분수를 구합니다.

❷ 분수를 통분하여 크기를 비교합니다.

1-2 두 사람이 가지고 있는 수 카드를 한 번씩만 사용하여 진분수를 만들었습니다. 더 큰 분수를 만든 사람의 이름을 써 보세요.

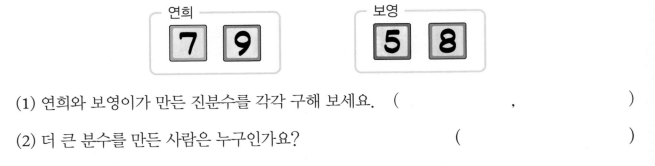

연희

7 9

보영

5 8

(1) 연희와 보영이가 만든 진분수를 각각 구해 보세요. (,   )

(2) 더 큰 분수를 만든 사람은 누구인가요? (   )

1-3 세 사람이 가지고 있는 수 카드를 한 번씩만 사용하여 진분수를 만들었습니다. 가장 큰 분수를 만든 사람의 이름을 써 보세요.

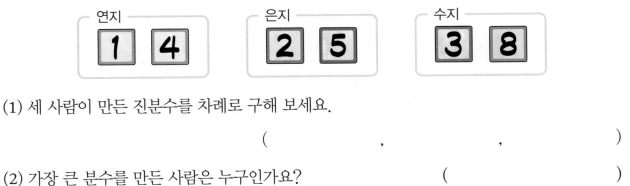

연지

1 4

은지

2 5

수지

3 8

(1) 세 사람이 만든 진분수를 차례로 구해 보세요.

(,   ,   )

(2) 가장 큰 분수를 만든 사람은 누구인가요? (   )

▶정답 및 해설 18쪽

2-1 윤혜는 크기가 같은 컵을 2개 갖고 있습니다. 한 개의 컵에는 사과 주스를 컵의 $\frac{3}{10}$만큼 따랐고, 다른 컵에는 포도 주스를 컵의 $\frac{4}{11}$만큼 따랐습니다. 어떤 주스를 더 많이 따랐는지 구해 보세요.

사과 주스

포도 주스

(   )

- 구하려는 것: 따른 양이 더 많은 주스
- 주어진 조건: 사과 주스와 포도 주스의 양
- 해결 전략: 크기가 같은 컵이므로 두 분수를 통분하여 크기를 비교합니다.

✎ 구하려는 것(〜〜〜)과 주어진 조건(─────)에 표시해 봅니다.

2-2 종민이는 크기가 같은 컵을 2개 갖고 있습니다. 한 개의 컵에는 콜라를 컵의 $\frac{2}{3}$만큼 따랐고, 다른 컵에는 사이다를 컵의 $\frac{7}{10}$만큼 따랐습니다. 어떤 음료를 더 많이 따랐는지 구해 보세요.

해결 전략

❶ 두 분수의 크기 비교하기
❷ 더 많이 따른 음료 구하기

(   )

2-3 승기와 지우는 학교 운동장을 달리고 있습니다. 승기는 운동장 한 바퀴의 $\frac{5}{7}$만큼 달렸고, 지우는 운동장 한 바퀴의 $\frac{7}{9}$만큼 달렸습니다. 누가 운동장을 더 많이 달렸는지 구해 보세요.

(   )

1 두 분수의 크기를 비교하여 더 큰 분수를 위의 빈칸에 써넣으세요.

코딩

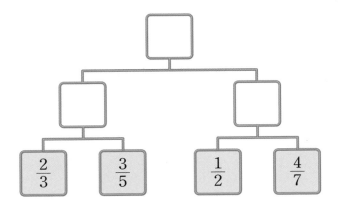

2 수 카드 3장 중에서 2장을 골라 만들 수 있는 진분수 중 가장 큰 진분수를 구해 보세요.

추론

(1)

| 4 | 7 | 9 |

(   )

(2)

| 8 | 5 | 3 |

(   )

3 추론

크기가 큰 순서대로 기호를 써 보세요.

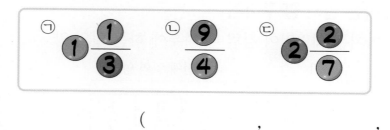

(,   ,   )

3주
2일

4 문제 해결

그림을 보고 공원, 도서관, 학교 중 집에서 가장 가까운 곳을 찾아 써 보세요.

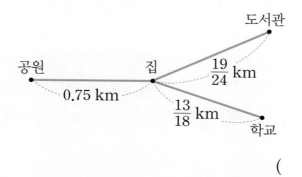

(   )

5 문제 해결

조건 을 보고 □ 안에 공통으로 들어갈 수 있는 수를 모두 구해 보세요.

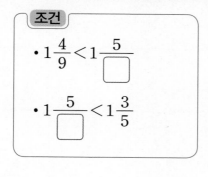

조건
- $1\dfrac{4}{9} < 1\dfrac{5}{\square}$
- $1\dfrac{5}{\square} < 1\dfrac{3}{5}$

분자가 같은 두 분수는 분모가 클수록 크기가 작아요.

(   )

❶ 하루에 하는 일의 양 구하기

· 일을 마치는 데 3일이 걸릴 때 하루에 하는 일의 양

➡ 전체 일의 $\frac{1}{3}$

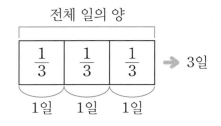

전체 일의 양

| $\frac{1}{3}$ | $\frac{1}{3}$ | $\frac{1}{3}$ | ➡ 3일 |

1일   1일   1일

전체 일의 양은 1입니다.

· 한 사람이 혼자 일을 마치는 데 ■일, 다른 한 사람이 혼자 일을 마치는 데 ▲일 이 걸릴 때 두 사람이 동시에 일하면 하루에 하는 일의 양

➡ 전체 일의 $\frac{1}{\blacksquare} + \frac{1}{\blacktriangle}$

활동 문제   똑같은 밭을 가는 데 지혜는 3일 걸리고 은혜는 6일 걸립니다. 하루에 얼마만큼 밭을 갈 수 있는지 색칠해 보고 두 사람이 동시에 밭을 갈면 며칠이 걸리는지 구해 보세요.

하루에 가는 양을 색칠하세요.

지혜

3일 걸립니다.

하루에 얼마만큼 갈 수 있는지 색칠하세요.

은혜

6일 걸립니다.

둘이서 동시에 하면 하루에 얼마만큼 갈 수 있는지 색칠하세요.

은혜   지혜

◻일 걸립니다.

▶정답 및 해설 19쪽

② 1시간 동안 할 수 있는 일의 양을 알 때 걸리는 시간 구하기

• 한 시간에 할 수 있는 일의 양이 전체 일의 $\frac{1}{■}$일 때

일을 마치는 데 걸리는 시간 ➡ ■시간

예 한 시간에 전체 일의 $\frac{1}{4}$만큼 할 수 있을 때 일을 모두 마치는 데 걸리는 시간 구하기

한 시간에 하는 일의 양

↓

4시간에 하는 일의 양

➡ 한 시간에 할 수 있는 일의 양이 전체 일의 $\frac{1}{4}$일 때, 일을 모두 마치는 데 걸리는 시간은 4시간입니다.

3주
3일

활동 문제 한 시간 동안 밭에 물을 준 양을 나타낸 그림입니다. 같은 빠르기로 밭 전체에 물을 주는 데 걸리는 시간은 몇 시간인지 구해 보세요.

한 시간 동안
밭의 $\frac{1}{2}$에 물을 줬어.

한 시간 동안 물을 준 양

(   )

한 시간 동안
밭의 $\frac{1}{3}$에 물을 줬어.

한 시간 동안
물을 준 양

(   )

1-1 똑같은 일을 하는 데 예나는 3시간, 승호는 5시간이 걸립니다. 두 사람이 동시에 일한다면 1시간 동안 전체 일의 얼마만큼 할 수 있는지 구해 보세요.

( )

● 예나와 승호가 1시간 동안 일한 양을 분수로 나타내고 더합니다.

1-2 똑같은 일을 하는 데 은수는 2시간, 세나는 4시간이 걸립니다. 두 사람이 동시에 일한다면 1시간 동안 전체 일의 얼마만큼 할 수 있는지 구해 보세요.

(1) 은수가 1시간 동안 하는 일의 양은 전체 일의 몇 분의 몇인가요?

( )

(2) 세나가 1시간 동안 하는 일의 양은 전체 일의 몇 분의 몇인가요?

( )

(3) 두 사람이 동시에 일한다면 1시간 동안 전체 일의 얼마만큼 할 수 있는지 구해 보세요.

( )

1-3 똑같은 일을 하는 데 기웅이는 5시간, 성식이는 6시간이 걸립니다. 두 사람이 동시에 일한다면 1시간 동안 전체 일의 얼마만큼 할 수 있는지 구해 보세요.

(1) 기웅이와 성식이가 1시간 동안 하는 일의 양은 각각 전체 일의 몇 분의 몇인지 구해 보세요.

(,)

(2) 두 사람이 동시에 일한다면 1시간 동안 전체 일의 얼마만큼 할 수 있는지 구해 보세요.

( )

2-1 현우와 지수는 벽을 칠하려고 합니다. 똑같은 벽을 칠하는 데 현우는 4일, 지수는 12일이 걸립니다. 두 사람이 동시에 같은 벽을 칠하면 전체를 칠하는 데 며칠이 걸리는지 구해 보세요.

현우   지수   (   )

- 구하려는 것: 두 사람이 동시에 벽을 칠할 때 걸리는 날수
- 주어진 조건: 현우와 지수가 각각 벽을 칠할 때 걸리는 날수
- 해결 전략: 현우와 지수가 각각 하루에 칠할 수 있는 양을 분수로 나타내어 더합니다.

✎ 구하려는 것(～～)과 주어진 조건(────)에 표시해 봅니다.

2-2 유정이와 주희는 조각을 하려고 합니다. 똑같은 조각을 하는 데 유정이는 9일, 주희는 18일이 걸립니다. 두 사람이 동시에 같이 조각을 하면 완성하는 데 며칠이 걸리는지 구해 보세요.

> **해결 전략**
> 유정이와 주희가 각각 하루에 조각하는 양을 분수로 나타내어 더합니다.

(   )

2-3 해인이와 다정이는 일을 하려고 합니다. 똑같은 일을 하는 데 해인이는 10일, 다정이는 15일이 걸립니다. 둘이 동시에 같은 일을 하면 일을 마치는 데 며칠이 걸리는지 구해 보세요.

(   )

1 **코딩** 보기 와 같이 빈 곳에 알맞은 수를 써넣으세요.

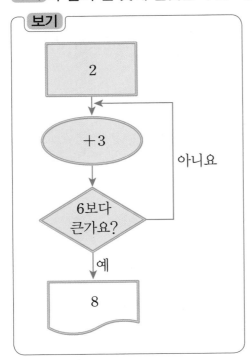

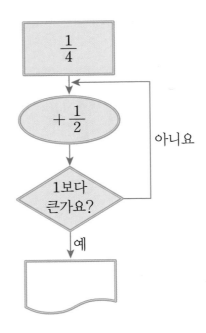

2 **추론** □ 안에 알맞은 수를 구해 보세요.

$$\boxed{} - \frac{1}{3} = \frac{2}{5}$$

(   )

3 **문제 해결** 만화를 그리는 데 준영이와 승기는 각각 4시간이 걸리고, 지숙이는 2시간이 걸립니다. 세 사람이 동시에 같이 만화를 그린다면 완성하는 데 몇 시간이 걸리는지 구해 보세요.

(   )

▶정답 및 해설 20쪽

4
문제 해결

집에서 편의점까지의 거리는 $\frac{3}{8}$ km이고, 집에서 빵집까지의 거리는 집에서 편의점까지의 거리보다 $\frac{1}{5}$ km 더 멀다고 합니다. 그림을 보고 편의점에서 빵집까지의 거리는 몇 km인지 구해 보세요.

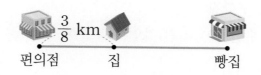

편의점   집   빵집

(   )

5
문제 해결

어떤 일을 하는 데 준기는 3일, 승아는 4일, 문아는 6일이 걸립니다. 세 사람이 동시에 일을 한다면 하루에 전체 일의 얼마만큼을 할 수 있는지 구해 보세요.

(   )

6
문제 해결

어떤 일을 하는 데 인수는 4일, 영희는 8일이 걸립니다. 일을 처음에는 영희 혼자 시작하여 2일 동안 하고 그 후에 인수와 같이 한다면 시작부터 일을 끝내는 데까지 모두 며칠이 걸리는지 구해 보세요.

영희가 일하고 남은 양을 구해 봐요.

영희 혼자서 2일 일한 것도 날수에 포함돼요.

(   )

1 수 카드로 대분수를 만들어 계산하기

예 수 카드 **1**, **3**, **5** 를 한 번씩만 사용하여 만들 수 있는 가장 큰 대분수와 가장 작은 대분수의 합 구하기

- 가장 큰 대분수를 만들려면 자연수 부분에 가장 큰 수인 5를 놓고 나머지 수로 진분수인 $\frac{1}{3}$을 만듭니다. ➔ $5\frac{1}{3}$

- 가장 작은 대분수로 만들려면 자연수 부분에 가장 작은 수인 1을 놓고 나머지 수로 진분수인 $\frac{3}{5}$을 만듭니다. ➔ $1\frac{3}{5}$

합: $5\frac{1}{3}+1\frac{3}{5}=(5+1)+\left(\frac{1}{3}+\frac{3}{5}\right)=6+\frac{14}{15}=6\frac{14}{15}$

활동 문제 주어진 수 카드를 한 번씩만 사용하여 만들 수 있는 가장 큰 대분수와 가장 작은 대분수의 합을 구해 보세요.

1 **1** **2** **3** ➔ $3\frac{\Box}{\Box}+1\frac{\Box}{\Box}=\Box$

가장 큰 대분수 　가장 작은 대분수

2 **1** **3** **4** ➔ $\Box\frac{\Box}{\Box}+\Box\frac{\Box}{\Box}=\Box$

가장 큰 대분수 　가장 작은 대분수

2 시간 계산하기

예 오전에 $1\frac{1}{2}$시간 공부하고 오후에 $1\frac{4}{15}$시간 공부했을 때 하루 동안 공부한 시간 구하기

- 1분＝$\frac{1}{60}$시간이므로 분모가 60인 분수로 통분합니다.

  ➡ $1\frac{1}{2}$시간＝$1\frac{30}{60}$시간, $1\frac{4}{15}$시간＝$1\frac{16}{60}$시간

- 합: $1\frac{30}{60}+1\frac{16}{60}=(1+1)+\left(\frac{30}{60}+\frac{16}{60}\right)=2+\frac{46}{60}=2\frac{46}{60}$(시간)

  시간↓ 분↓

  ➡ 2시간 46분

3주
4일

활동 문제 광수는 1시 20분부터 $1\frac{1}{3}$시간 동안 산책을 한 다음 $1\frac{1}{20}$시간 동안 책을 읽었습니다. 산책을 마친 시각과 책 읽기를 마친 시각을 시계에 나타내어 보세요.

1

광수

산책을 마친 시각

2

광수

책 읽기를 마친 시각

1-1 수 카드 7, 8, 9 를 한 번씩만 사용하여 만들 수 있는 가장 큰 대분수와 가장 작은 대분수의 합을 구해 보세요.

( )

• ■ > ● > ▲ 일 때 가장 큰 대분수: ■$\frac{●}{▲}$, 가장 작은 대분수: ▲$\frac{●}{■}$

1-2 수 카드 1, 2, 5 를 한 번씩만 사용하여 만들 수 있는 가장 큰 대분수와 가장 작은 대분수의 합을 구해 보세요.

(1) 가장 큰 대분수를 만들어 보세요.

( )

(2) 가장 작은 대분수를 만들어 보세요.

( )

(3) 가장 큰 대분수와 가장 작은 대분수의 합을 구해 보세요.

□ + □ = □

1-3 수 카드 3, 5, 7 을 한 번씩만 사용하여 만들 수 있는 가장 큰 대분수와 가장 작은 대분수의 합을 구해 보세요.

(1) 가장 큰 대분수와 가장 작은 대분수를 만들어 보세요.

(,)

(2) 가장 큰 대분수와 가장 작은 대분수의 합을 구해 보세요.

( )

2-1 　경애가 오전에 $2\frac{1}{4}$시간 동안 책을 읽었고 오후에 $1\frac{1}{3}$시간 동안 책을 읽었습니다. 하루 동안 경애가 책을 읽은 시간은 모두 몇 시간 몇 분인지 구해 보세요.

(　　　　　　　　　)

- 구하려는 것: 하루 동안 경애가 책을 읽은 시간
- 주어진 조건: 경애가 오전과 오후에 책을 읽은 시간
- 해결 전략: ❶ 경애가 오전과 오후에 책을 읽은 시간을 공통분모를 60으로 하여 통분하기
　　　　　　❷ 통분한 두 분수의 합을 구하여 결과를 몇 시간 몇 분으로 나타내기

✎ 구하려는 것(〜〜)과 주어진 조건(———)에 표시해 봅니다.

2-2 　오전에 해가 $5\frac{1}{12}$시간 동안 떠 있었고 오후에 $7\frac{3}{10}$시간 동안 떠 있었습니다. 하루 동안 해가 떠 있었던 시간은 모두 몇 시간 몇 분인지 구해 보세요.

> **해결 전략**
> ❶ 오전과 오후에 해가 떠 있던 시간을 공통분모를 60으로 하여 통분하기
> ❷ 통분한 두 분수의 합을 구하여 결과를 몇 시간 몇 분으로 나타내기

(　　　　　　　　　)

2-3 　진희는 $1\frac{1}{2}$시간 동안 책을 읽었고 경수는 $1\frac{1}{5}$시간 동안 책을 읽었습니다. 두 사람이 책을 읽은 시간은 모두 몇 시간 몇 분인지 구해 보세요.

(　　　　　　　　　)

1 가로가 $4\frac{1}{3}$ cm, 세로가 $3\frac{3}{5}$ cm인 직사각형 모양의 종이 2장을 겹치지 않게 이어 붙였습니다. 붙여서 만든 직사각형의 가로와 세로를 더하면 몇 cm일까요?

문제 해결

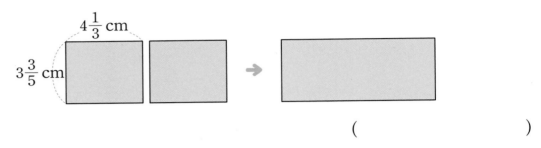

(   )

2 빈 곳에 알맞은 분수를 써넣으세요.

코딩

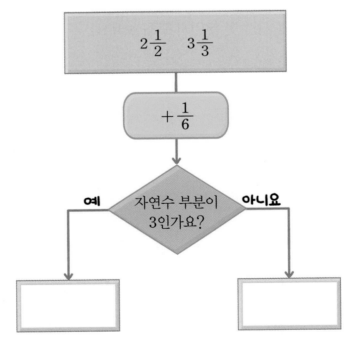

3 수 카드를 한 번씩만 사용하여 만들 수 있는 가장 큰 대분수와 $2\frac{2}{5}$의 합을 구해 보세요.
추론

(   )

3주
4일

4 수 카드 중에서 3장을 골라 한 번씩만 사용하여 자연수 부분이 2인 대분수를 만들려고 합니다.
문제 해결   만들 수 있는 가장 큰 대분수와 가장 작은 대분수의 합을 구해 보세요.

진분수를
만들어 크기를
비교해요.

(   )

5 영희가 아침에는 $2\frac{2}{3}$시간 동안, 점심에는 $3\frac{1}{4}$시간 동안, 저녁에는 $1\frac{1}{6}$시간 동안 공부했습니
창의·융합   다. 하루 동안 영희가 공부한 시간은 모두 몇 시간 몇 분인지 구해 보세요.

(   )

1 마방진 알아보기

마방진은 가로, 세로, 대각선에 있는 세 수의 합이 같아지게 만든 것입니다.

예

4	9	2
3	5	7
8	1	6

- $4+9+2=15$, $3+5+7=15$, $8+1+6=15$
- $4+3+8=15$, $9+5+1=15$, $2+7+6=15$
- $4+5+6=15$, $2+5+8=15$

➡ 어느 줄의 세 수를 더해도 합이 15로 같습니다.

활동 문제 가로, 세로, 대각선에 있는 세 분수의 합이 같도록 빈 곳에 알맞은 수를 써넣으세요.

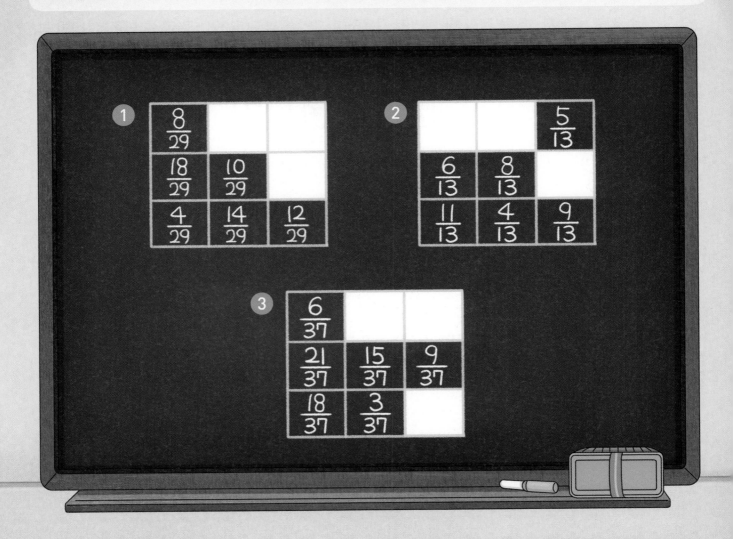

2 **분수가 있는 마방진**

예 마방진에서 ㉠에 알맞은 분수 구하기

$\frac{3}{10}$	$1\frac{1}{5}$	$\frac{2}{5}$
	$\frac{1}{2}$	
		㉠

- 한 줄에 있는 세 수의 합

➡ $\frac{3}{10}+1\frac{1}{5}+\frac{2}{5}=1+\left(\frac{3}{10}+\frac{2}{10}+\frac{4}{10}\right)=1+\frac{9}{10}=1\frac{9}{10}$

- 대각선 한 줄에서 ㉠ 구하기

➡ $\underset{\underset{\frac{4}{5}}{\rule{2.5cm}{0.4pt}}}{\frac{3}{10}+\frac{1}{2}}+㉠=1\frac{9}{10},\ ㉠=1\frac{9}{10}-\frac{4}{5}=1\frac{1}{10}$

3주
5일

활동 문제 가로, 세로, 대각선에 있는 세 분수의 합이 같도록 빈 곳에 알맞은 수를 써넣으세요.

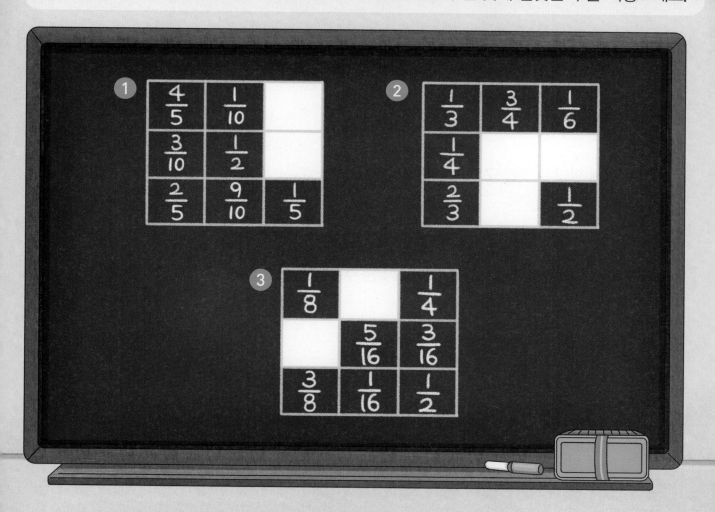

1-1 두 식의 계산 결과가 같을 때 ㉠에 알맞은 수를 구해 보세요.

$$\cdot\ \frac{2}{3}+1\frac{1}{4}+\frac{1}{6} \qquad \cdot\ \frac{5}{6}+\frac{1}{3}+㉠$$

( )

- 왼쪽 식의 계산 결과를 구합니다.
- 왼쪽 식의 계산 결과에서 $\frac{5}{6}$와 $\frac{1}{3}$을 뺍니다.

1-2 두 식의 계산 결과는 같습니다. ㉠에 알맞은 수를 구해 보세요.

$$\cdot\ \frac{3}{5}+1\frac{5}{8}+\frac{3}{10} \qquad \cdot\ \frac{7}{10}+\frac{3}{8}+㉠$$

(1) 왼쪽 식의 계산 결과를 구해 보세요.

( )

(2) ㉠에 알맞은 수를 구해 보세요.

( )

1-3 두 식의 계산 결과는 같습니다. ㉠에 알맞은 수를 구해 보세요.

$$\cdot\ \frac{2}{9}+\frac{1}{4}+\frac{5}{6} \qquad \cdot\ \frac{3}{4}+\frac{4}{9}+㉠$$

(1) 왼쪽 식의 계산 결과를 구해 보세요.

( )

(2) ㉠에 알맞은 수를 구해 보세요.

( )

2-1 어떤 수에서 $1\frac{1}{2}$을 빼야 할 것을 잘못하여 더했더니 $4\frac{3}{5}$이 되었습니다. 바르게 계산한 값을 구해 보세요.

(   )

- 구하려는 것: 바르게 계산한 값
- 주어진 조건: 어떤 수에서 $1\frac{1}{2}$을 빼야 할 것을 더했더니 $4\frac{3}{5}$이 됨
- 해결 전략: 어떤 수를 먼저 구한 후 바르게 계산합니다.

✎ 구하려는 것(〜〜)과 주어진 조건(———)에 표시해 봅니다.

2-2 어떤 수에서 $\frac{5}{8}$를 빼야 할 것을 잘못하여 더했더니 $2\frac{1}{2}$이 되었습니다. 바르게 계산한 값을 구해 보세요.

해결 전략

❶ 어떤 수를 □로 놓고 식을 세워 □의 값 구하기
❷ 바르게 식 세워 계산하기

(   )

2-3 수민이는 어떤 수에서 $1\frac{1}{4}$을 빼야 하는데 잘못하여 $2\frac{1}{6}$을 더했더니 $7\frac{2}{3}$가 되었습니다. 바르게 계산한 값을 구해 보세요.

(1) 어떤 수를 구해 보세요.

(   )

(2) 바르게 계산한 값을 구해 보세요.

(   )

1 추론 △ 안에 있는 두 분수의 합은 $4\frac{7}{20}$ 이고, ■ 안에 있는 두 분수의 합은 $3\frac{3}{5}$ 입니다.

㉠과 ㉡에 알맞은 분수를 각각 구해 보세요.

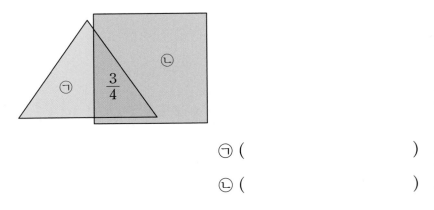

㉠ (   )

㉡ (   )

2 코딩 보기 와 같이 빈 곳에 알맞은 수를 써넣으세요.

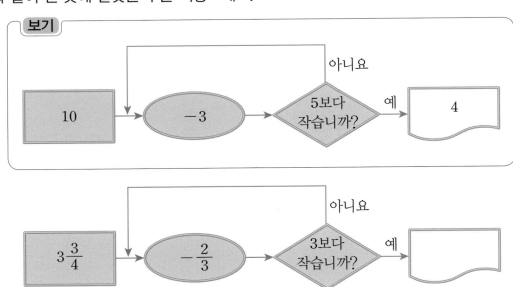

3
추론

□ 안에 알맞은 수를 구해 보세요.

(1)

$$2\frac{2}{9} + \frac{1}{6} + \square = 3\frac{1}{2}$$

(   )

(2)

$$\square + \frac{5}{12} + \frac{3}{8} = 1\frac{5}{6}$$

(   )

3주
5일

4
문제 해결

가로, 세로, 대각선에 있는 세 분수의 합이 같아지도록 빈 곳에 알맞은 수를 써넣으세요.

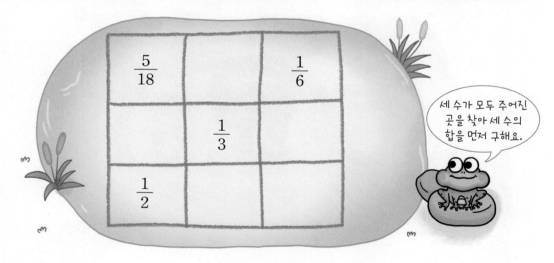

세 수가 모두 주어진 곳을 찾아 세 수의 합을 먼저 구해요.

1 정글에서 살아남기 대회가 열렸습니다. 사람들은 자신이 구한 먹거리가 몇 kg인지 바구니에 썼습니다. 먹거리를 많이 구한 사람의 분수를 큰 수부터 차례로 빈 곳에 써넣고 먹거리를 가장 많이 구한 참가자를 찾아 ○표 하세요. 문제 해결

$$\boxed{} > \boxed{} > \boxed{} > \boxed{} > \boxed{} > \boxed{}$$

2 두더지가 주어진 규칙에 따라 이동합니다. 두더지가 도착한 곳에는 어떤 선물이 있을지 선을 이어 보세요. 추론

결과가 1보다 크면 오른쪽으로 한 칸, 결과가 1보다 작으면 아래쪽으로 한 칸 가세요.

출발 $\dfrac{3}{4} - \dfrac{2}{3}$ $3\dfrac{3}{4} - 2\dfrac{1}{15}$

$\dfrac{2}{9} + \dfrac{3}{5}$ $\dfrac{1}{4} + \dfrac{3}{8}$

오른쪽

$\dfrac{5}{8} + \dfrac{3}{5}$ $1\dfrac{5}{12} - 1\dfrac{3}{8}$

$\dfrac{4}{7} + \dfrac{1}{4}$ $\dfrac{9}{16} + \dfrac{3}{4}$

아래쪽

3 우리 주변을 살펴보면 여러 종류의 종이를 발견할 수 있습니다. 우리가 알고 있던 종이 외에도 많은 종류의 종이를 찾을 수 있습니다.수지는 종이 꽃을 만들기 위해 분홍색 종이는 $\frac{3}{4}$장 사용했고, 파란색 종이는 $\frac{5}{6}$장 사용했습니다. 물음에 답하세요. 창의·융합

① 분수의 크기를 비교하여 어느 색 종이를 더 많이 사용했는지 구해 보세요.

(　　　　　　　　　　　　)

② 더 많이 사용한 종이는 더 적게 사용한 종이보다 얼마나 더 많이 사용했는지 구해 보세요.

(　　　　　　　　　　　　)

4 경태는 종이로 만들 수 있는 것을 알아보고 닥종이 공예품을 만들었습니다. 이때 파란색 닥종이는 $\frac{4}{7}$장 사용했고, 노란색 닥종이는 $\frac{1}{2}$장 사용했습니다. 물음에 답하세요. 창의·융합

① 분수의 크기를 비교하여 어느 색 닥종이를 더 많이 사용했는지 구해 보세요.

(   )

② 닥종이 공예품을 만드는데 사용한 색종이는 모두 몇 장인지 구해 보세요.

(   )

5 고대 이집트인들은 $\frac{1}{2}$을 제외한 분자가 1인 분수를 나타낼 때 수 위에 ⬭를 그려서 나타내었다고 합니다. 고대 이집트인들의 분수 표기법을 보고 ∥ 과 ∭ 을 통분하여 분수로 나타내어 보세요. 창의·융합

고대 이집트인들의 분수 표기법

$\frac{1}{2}$	$\frac{1}{3}$	$\frac{1}{4}$	$\frac{1}{5}$	$\frac{1}{6}$

$\left(\parallel , \mathbin{\vrule height 1.2ex depth 0pt width 0.15ex\kern0.3ex\vrule height 1.2ex depth 0pt width 0.15ex\kern0.3ex\vrule height 1.2ex depth 0pt width 0.15ex} \right)$ → (,   )

6 여진이가 분수의 크기를 비교한 것인데 수의 일부가 지워져서 보이지 않습니다. 지워진 곳에 들어갈 수 있는 자연수는 모두 몇 개인지 구해 보세요. 문제 해결

지워진 곳에 들어갈 수 있는 자연수는 모두 몇 개일까?

여진

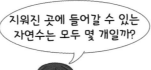

$\dfrac{1}{6} > \dfrac{}{18}$

(   )

7 다음은 음표에 따른 박자를 나타낸 것입니다. ♪＋♪.는 모두 몇 박자인지 구해 보세요. 창의·융합

음표	♩ (2분음표)	♩. (점 4분음표)	♩ (4분음표)	♪. (점 8분음표)	♪ (8분음표)
박자	2박자	$1\frac{1}{2}$박자	1박자	$\frac{3}{4}$박자	$\frac{1}{2}$박자

(   )

8 이집트에서는 '호루스의 눈'이라는 그림이 전해져 내려옵니다. 호루스 신은 고대 이집트의 태양신으로 호루스의 눈에는 수학적 비밀이 숨어 있습니다. 호루스의 눈은 모두 여섯 부분으로 구성되어 있는데 이 여섯 부분은 당시 바빌로니아인과 이집트인들이 주로 사용하던 분자가 1인 분수를 나타내었습니다. 다음을 보고 ㉠＋㉡을 구해 보세요. 창의·융합

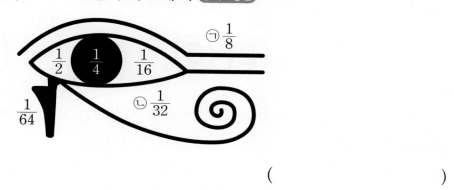

(   )

9 다음은 시작 수가 화살표를 따라 단계별로 계산되어 끝 수가 나오는 순서도입니다. 다음 순서도에서 시작 수가 $1\frac{1}{2}$일 때 끝 수를 구해 보세요. 코딩

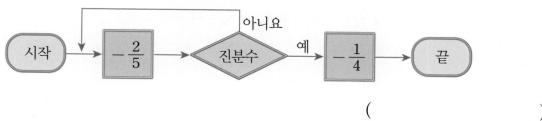

(   )

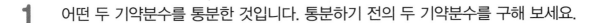
1 어떤 두 기약분수를 통분한 것입니다. 통분하기 전의 두 기약분수를 구해 보세요.

$$\left(\frac{9}{12}, \frac{2}{12} \right)$$

(,   )

2 두 사람이 가지고 있는 수 카드를 한 번씩만 사용하여 진분수를 만들었습니다. 더 큰 분수를 만든 사람의 이름을 써 보세요.

승희   2   5   건희   4   9

(   )

3 똑같은 일을 하는 데 지후는 6시간, 세인이는 9시간이 걸립니다. 두 사람이 동시에 같이 일한다면 1시간 동안 전체 일의 얼마만큼 할 수 있는지 구해 보세요.

(   )

4 수 카드를 한 번씩만 사용하여 만들 수 있는 가장 큰 대분수와 가장 작은 대분수의 합을 구해 보세요.

(   )

3주
테스트

5 선희가 오전에 $1\dfrac{7}{20}$시간 동안 공부를 했고, 오후에 $2\dfrac{7}{15}$시간 동안 공부를 했습니다. 선희가 하루 동안 공부한 시간은 모두 몇 시간 몇 분인지 구해 보세요.

(   )

6 가로, 세로, 대각선에 있는 세 분수의 합이 같아지도록 빈 곳에 알맞은 수를 써넣으세요.

$\dfrac{1}{8}$		
$\dfrac{1}{3}$	$\dfrac{1}{4}$	$\dfrac{1}{6}$
	$\dfrac{1}{12}$	$\dfrac{3}{8}$

$$5\frac{1}{3} - 3\frac{1}{2} = 5\frac{2}{6} - 3\frac{3}{6} = 4\frac{8}{6} - 3\frac{3}{6}$$

$$= (4-3) + \left(\frac{8}{6} - \frac{3}{6}\right)$$

$$= 1 + \frac{5}{6} = 1\frac{5}{6}$$

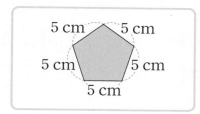

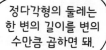

한 변의 길이가 5 cm인
정오각형의 둘레

➡ $5 \times 5 = 25$ (cm)

한 변의 길이   변의 수

사각형의 둘레를
구하는 방법을
알아두세요.

직사각형	평행사변형	마름모
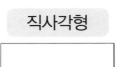		
((가로)＋(세로))×2	((한 변의 길이)＋ (다른 한 변의 길이))×2	(한 변의 길이)×4

[확인 문제]

1-1 직사각형의 둘레를 구해 보세요.

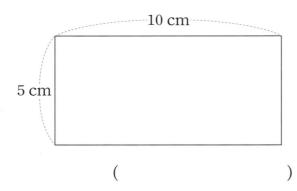

(   )

[한번 더]

1-2 정사각형의 둘레를 구해 보세요.

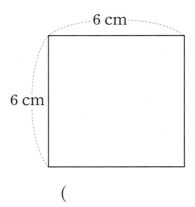

(   )

2-1 평행사변형의 둘레를 구해 보세요.

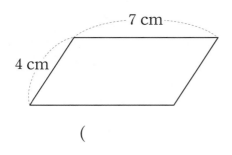

(   )

2-2 마름모의 둘레를 구해 보세요.

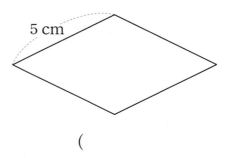

(   )

다각형의 넓이를 구하는 방법을 꼭 기억하세요.

직사각형

(가로) × (세로)

정사각형

(한 변의 길이) × (한 변의 길이)

평행사변형

(밑변의 길이) × (높이)

삼각형

(밑변의 길이) × (높이) ÷ 2

마름모

(한 대각선의 길이) × (다른 대각선의 길이) ÷ 2

사다리꼴

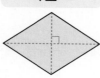
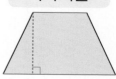

((윗변의 길이) + (아랫변의 길이)) × (높이) ÷ 2

확인 문제

한번 더

3-1 직사각형의 넓이를 구해 보세요.

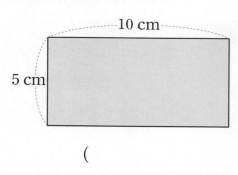

10 cm

5 cm

(   )

3-2 정사각형의 넓이를 구해 보세요.

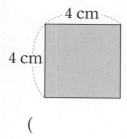

4 cm

4 cm

(   )

4-1 평행사변형의 넓이를 구해 보세요.

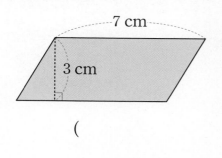

7 cm

3 cm

(   )

4-2 마름모의 넓이를 구해 보세요.

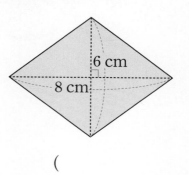

6 cm

8 cm

(   )

1 빈 상자의 무게 구하기

전체 무게에서 상자 속 물건의 무게의 합을 뺍니다.

예 무게가 $1\frac{1}{3}$ kg인 물병 2개를 상자에 담아 잰 무게가 $3\frac{1}{4}$ kg일 때 빈 상자의 무게 구하기

① 물병 2개의 무게를 구합니다.

➡ $1\frac{1}{3} + 1\frac{1}{3} = 2\frac{2}{3}$ (kg)

② 전체 무게에서 물병 2개의 무게를 빼어서 빈 상자의 무게를 구합니다.

➡ $3\frac{1}{4} - 2\frac{2}{3} = 3\frac{3}{12} - 2\frac{8}{12} = 2\frac{15}{12} - 2\frac{8}{12} = \frac{7}{12}$ (kg)

활동 문제   물건이 담긴 봉지 2개를 빈 바구니에 넣고 무게를 재었습니다. 빈 바구니의 무게는 몇 kg인지 □ 안에 알맞은 수를 써넣으세요.

② 저울 보고 무게 구하기

예 수평을 이루고 있는 저울을 보고 배의 무게 구하기 (단, 사과의 무게는 모두 같습니다.)

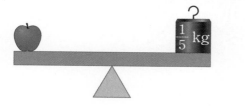 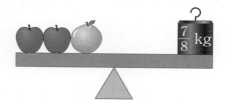

① 왼쪽 저울이 수평을 이루고 있으므로 사과 1개의 무게는 $\frac{1}{5}$ kg입니다.

② 배의 무게를 ☐ kg이라 하면 $\frac{1}{5} + \frac{1}{5} + ☐ = \frac{7}{8}$ 입니다.

➡ $\frac{2}{5} + ☐ = \frac{7}{8}$, $☐ = \frac{7}{8} - \frac{2}{5} = \frac{35}{40} - \frac{16}{40} = \frac{19}{40}$ (kg)

사과 2개와 배 1개의 무게의 합이 $\frac{7}{8}$ kg이에요.

4주
1일

활동 문제 저울이 수평을 이루고 있을 때 배의 무게는 몇 kg인지 구해 보세요. (단, 사과의 무게는 모두 같습니다.)

1

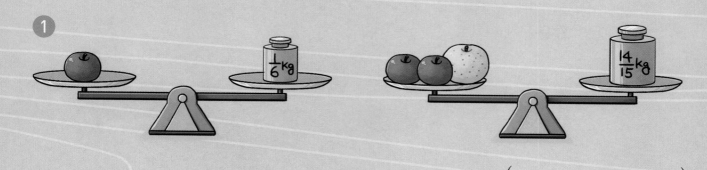

(   )

2

(   )

1-1 ㉠의 값을 구해 보세요.

$$㉠+\left(\frac{4}{5}+1\frac{3}{10}\right)=2\frac{1}{4}$$

(   )

• 혼합 계산의 순서에 맞게 차례로 통분하여 계산합니다.

1-2 ㉠의 값을 구해 보세요.

$$㉠+\left(\frac{5}{12}+\frac{3}{4}\right)=3\frac{3}{8}$$

(1) (   ) 안의 식을 계산해 보세요.

(   )

(2) ㉠의 값을 구해 보세요.

(   )

1-3 ㉠의 값을 구해 보세요.

$$2\frac{1}{3}-\frac{5}{12}=㉠-\frac{3}{8}$$

(1) $2\frac{1}{3}-\frac{5}{12}$를 계산해 보세요.

(   )

(2) ㉠의 값을 구해 보세요.

(   )

2-1 세주가 빈 상자에 국어사전과 영어 사전을 넣고 무게를 재었더니 $5\frac{7}{10}$ kg이었습니다. 사전의 무게를 재었더니 국어사전이 $3\frac{1}{5}$ kg이고 영어 사전이 $2\frac{9}{20}$ kg이었습니다. 빈 상자의 무게는 몇 kg인지 구해 보세요.

(   )

- 구하려는 것: 빈 상자의 무게
- 주어진 조건: 국어사전과 영어 사전의 무게, 국어사전과 영어 사전을 상자에 넣고 잰 무게
- 해결 전략: 전체 무게에서 국어사전과 영어 사전의 무게의 합을 뺍니다.

✎ 구하려는 것(～～)과 주어진 조건(——)에 표시해 봅니다.

4주 1일

2-2 혜진이가 빈 가방에 수학 책과 국어 책을 넣고 무게를 재었더니 $1\frac{3}{8}$ kg이었습니다. 책의 무게를 재었더니 수학 책의 무게가 $\frac{3}{5}$ kg, 국어 책의 무게가 $\frac{1}{2}$ kg이었습니다. 빈 가방의 무게는 몇 kg인지 구해 보세요.

> **해결 전략**
>
> 전체 무게에서 수학 책과 국어 책의 무게의 합을 뺍니다.

(   )

2-3 우종이가 빈 상자에 인형과 장난감을 넣고 무게를 재었더니 $2\frac{4}{5}$ kg이었습니다. 인형과 장난감의 무게를 재었더니 인형의 무게가 $\frac{9}{10}$ kg, 장난감의 무게가 $1\frac{3}{4}$ kg이었습니다. 빈 상자의 무게는 몇 kg인지 구해 보세요.

인형과 장난감의 무게의 합은 몇 kg인지 먼저 구해요.

(   )

1

창의 · 융합

빈 바구니에 $\dfrac{5}{12}$ kg인 똑같은 사과를 3개 담고 저울에 올렸더니 $1\dfrac{7}{20}$ kg이 되었습니다. 빈 바구니의 무게는 몇 kg인지 기약분수로 나타내어 보세요.

( )

2

창의 · 융합

저울이 모두 수평을 이루고 있습니다. 귤의 무게는 몇 kg인지 구해 보세요.

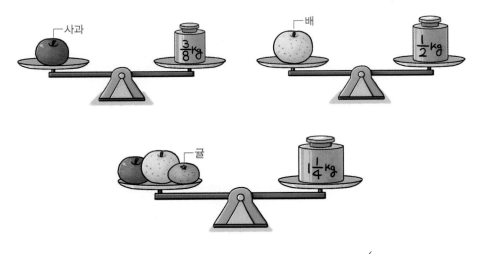

( )

3 축구공 2개의 무게를 재었더니 $\frac{9}{11}$ kg이었습니다. 축구공 4개를 담은 가방의 무게를 재었더니 $2\frac{1}{3}$ kg이었습니다. 빈 가방의 무게는 몇 kg인지 구해 보세요.

창의·융합

(   )

4 빈 상자의 무게는 $\frac{1}{4}$ kg이고 수학 문제집의 무게는 $1\frac{7}{9}$ kg입니다. 동화책의 무게는 수학 문제집의 무게보다 $\frac{5}{12}$ kg만큼 가볍습니다. 빈 상자에 수학 문제집과 동화책을 담으면 모두 몇 kg이 되는지 풀이 과정을 쓰고 답을 구해 보세요.

문제 해결

풀이▶

답

1 이어 붙인 색 테이프의 길이 구하기

예 길이가 각각 $1\frac{1}{4}$ m, $2\frac{1}{2}$ m인 색 테이프를 $\frac{3}{8}$ m가 겹치게 이어 붙였을 때, 이어 붙인 색 테이프의 길이를 구하기

$1\frac{1}{4}$ m $2\frac{1}{2}$ m

$\frac{3}{8}$ m

① 두 색 테이프의 길이를 더합니다.

➡ $1\frac{1}{4}+2\frac{1}{2}=1\frac{1}{4}+2\frac{2}{4}=3\frac{3}{4}$ (m)

② 더한 색 테이프의 길이에서 겹친 부분의 길이를 뺍니다.

➡ $3\frac{3}{4}-\frac{3}{8}=3\frac{6}{8}-\frac{3}{8}=3\frac{3}{8}$ (m)

(이어 붙인 색 테이프의 길이)
＝(두 색 테이프의 길이의 합)
－(겹친 부분의 길이)

활동 문제   색 테이프 2장을 $\frac{5}{18}$ m만큼 겹치게 이어 붙였습니다. 이어 붙인 색 테이프의 길이를 구해 보세요.

① $2\frac{1}{2}$ m $1\frac{2}{3}$ m

$\frac{5}{18}$ m

➡

(   )

② $2\frac{1}{4}$ m $1\frac{3}{5}$ m

$\frac{5}{18}$ m

➡

(   )

② 거리 구하기

예 집에서 학교까지의 거리 구하기

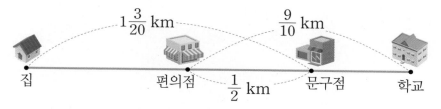

① 집에서 문구점까지의 거리와 편의점에서 학교까지의 거리를 더합니다.

➡ $1\dfrac{3}{20} + \dfrac{9}{10} = 1\dfrac{3}{20} + \dfrac{18}{20} = 1\dfrac{21}{20} = 2\dfrac{1}{20}$ (km)

② ①에서 구한 거리에서 편의점부터 문구점까지의 거리를 뺍니다.

➡ $2\dfrac{1}{20} - \dfrac{1}{2} = 2\dfrac{1}{20} - \dfrac{10}{20} = 1\dfrac{21}{20} - \dfrac{10}{20} = 1\dfrac{11}{20}$ (km)

4주
2일

활동 문제 그림을 보고 집에서 학교까지의 거리를 구해 보세요.

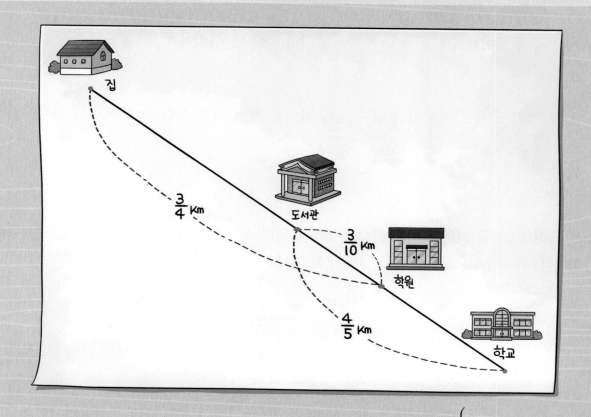

(   )

1-1 색 테이프 2장을 다음과 같이 겹치게 이어 붙였습니다. 이어 붙인 색 테이프의 길이를 구해 보세요.

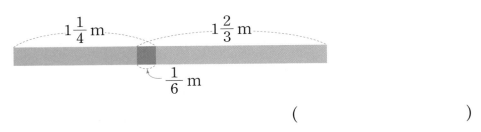

(　　　　　　　　)

● 두 색 테이프의 길이의 합에서 겹친 부분의 길이를 뺍니다.

1-2 색 테이프 2장을 다음과 같이 겹치게 이어 붙였습니다. 이어 붙인 색 테이프의 길이를 구해 보세요.

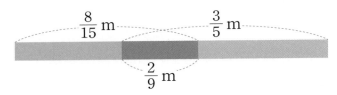

(1) 분홍색 테이프와 하늘색 테이프의 길이의 합은 몇 m일까요?

(　　　　　　　　)

(2) (1)에서 구한 길이에서 겹친 부분의 길이를 빼어 이어 붙인 색 테이프의 길이를 구해 보세요.

(　　　　　　　　)

1-3 색 테이프 2장을 다음과 같이 겹치게 이어 붙였습니다. 이어 붙인 색 테이프의 길이를 구하려고 합니다. 하나의 식으로 나타내고 답을 구해 보세요.

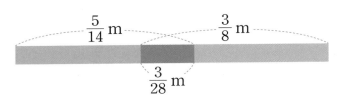

식 _____

답 _____

2-1 지우가 집에서 출발하여 빵집과 분식집을 순서대로 지나서 학교에 가려고 합니다. 집에서 분식집까지의 거리는 $\dfrac{9}{20}$ km이고 빵집에서 학교까지의 거리는 $\dfrac{11}{30}$ km입니다. 빵집과 분식집 사이의 거리가 $\dfrac{1}{6}$ km일 때 지우네 집에서 학교까지의 거리는 몇 km인지 구해 보세요.

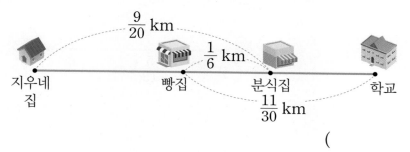

(   )

• 구하려는 것: 지우네 집에서 학교까지의 거리
• 주어진 조건: 집에서 분식집까지의 거리, 빵집에서 학교까지의 거리, 빵집과 분식집 사이의 거리
• 해결 전략: ❶ 집에서 분식집까지의 거리와 빵집에서 학교까지의 거리의 합 구하기
         ❷ ❶에서 구한 거리에서 빵집과 분식집 사이의 거리를 빼기

✎ 구하려는 것(﹏﹏)과 주어진 조건(────)에 표시해 봅니다.

2-2 지애는 집에서 출발하여 도서관에 가려고 합니다. 도서관까지 가는 길에는 우체국과 마트가 순서대로 있는데 집에서 마트까지의 거리는 $\dfrac{11}{15}$ km, 우체국에서 도서관까지의 거리는 $\dfrac{7}{10}$ km이고, 우체국과 마트 사이의 거리가 $\dfrac{1}{2}$ km입니다. 지애가 집에서 도서관에 가려면 몇 km를 가야 하는지 구해 보세요.

> **해결 전략**
> ❶ 집에서 마트까지의 거리와 우체국에서 도서관까지의 거리의 합 구하기
> ❷ ❶에서 구한 거리에서 우체국과 마트 사이의 거리를 빼기

(   )

1 승우가 집에서 학교로 바로 가는 거리는 친구네 집을 지나가는 거리보다 몇 km 더 가까운지 구해 보세요.

문제 해결

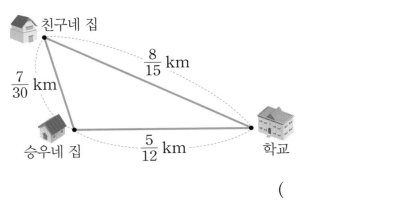

(   )

2 길이가 $\frac{5}{8}$ m인 분홍색 테이프와 $\frac{5}{6}$ m인 하늘색 테이프를 다음과 같이 겹쳐서 이어 붙였더니 전체의 길이가 $1\frac{5}{12}$ m가 되었습니다. 겹친 부분의 길이는 몇 m인지 구해 보세요.

추론

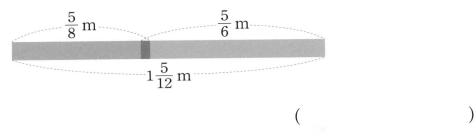

(   )

3 다음 그림과 같이 길이가 $\frac{7}{8}$ m인 종이테이프 3장을 $\frac{1}{6}$ m씩 겹치게 이어 붙였습니다. 이어 붙인 종이테이프의 전체 길이는 몇 m인지 구해 보세요.

추론

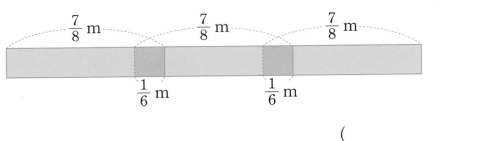

(   )

4 코딩 사다리를 타고 내려가다 만나는 식의 계산을 하여 계산 결과를 도착한 지점에 써넣으세요.

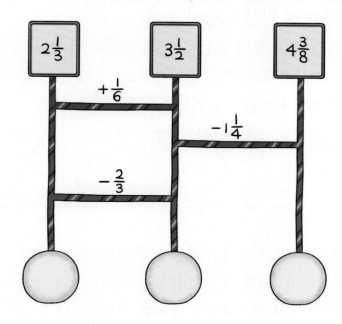

 5 문제 해결 슬기는 집에서 출발하여 학교까지 가려고 합니다. 이때, 집에서 학교까지의 거리가 1.98 km보다 가까우면 자전거를 타고, 1.98 km보다 멀면 버스를 타려고 합니다. 다음 그림을 보고 슬기가 무엇을 타야 할지 구해 보세요.

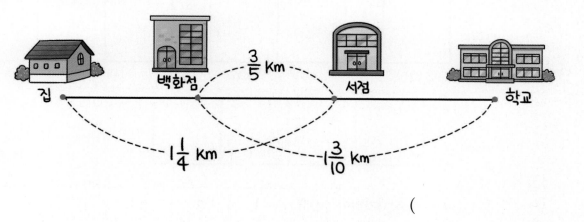

(   )

1 철사를 이어 붙여 만든 도형의 둘레

· 철사를 잘라 이어 붙여 만든 도형의 둘레의 규칙을 알아봅니다.

예 철사를 잘라 만든 한 변의 길이가 3 cm인 정삼각형을 겹치지 않게 이어 붙일 때 도형의 둘레의 규칙을 알아보기

3 cm

· 정삼각형이 1개일 때 도형의 둘레: $3 \times 3 = 9$ (cm)

· 정삼각형이 2개일 때 도형의 둘레: $3 \times 4 = 12$ (cm)

· 정삼각형이 3개일 때 도형의 둘레: $3 \times 5 = 15$ (cm)

맞닿는 변은 둘레에 포함되지 않아요.

→ 정삼각형이 ☐개일 때 도형의 둘레: $(3 \times (☐ + 2))$ cm

활동 문제 철사를 잘라 다음과 같이 한 변의 길이가 2 cm인 정사각형을 겹치지 않게 이어 붙여 도형을 만들고 있습니다. 만든 도형의 둘레의 규칙을 찾아 빈칸에 알맞은 수를 써넣으세요.

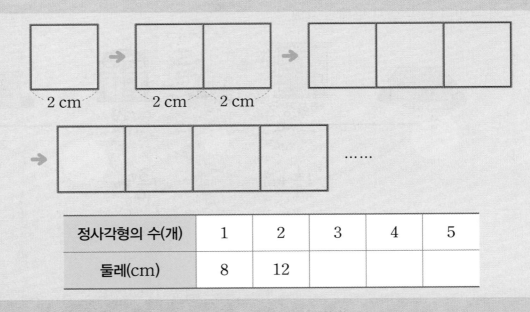

2 cm   2 cm   2 cm

......

정사각형의 수(개)	1	2	3	4	5
둘레(cm)	8	12			

▶ 정답 및 해설 **28**쪽

2 철사로 만든 도형의 한 변의 길이 구하기

예 다음과 같이 철사로 만든 크기가 같은 정사각형을 겹치지 않게 이어 붙여 만든 도형의 둘레가 48 cm일 때 정사각형의 한 변의 길이 구하기

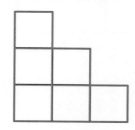

둘레: 48 cm

둘레에 포함되는 정사각형의 한 변의 수를 구해요.

① (도형의 둘레)＝(정사각형의 한 변의 길이)×(정사각형의 한 변의 수)

② 도형의 둘레에 있는 정사각형의 한 변의 수는 모두 12개입니다.

③ (정사각형의 한 변의 길이)＝(도형의 둘레)÷(정사각형의 한 변의 수)
　　　　　　　　　　　　＝48÷12＝4 (cm)

4주 3일

활동 문제 철사를 잘라 만든 크기가 같은 정사각형을 겹치지 않게 이어 붙여 만든 도형입니다. 도형의 둘레가 70 cm일 때 정사각형의 한 변의 길이를 구해 보세요.

1

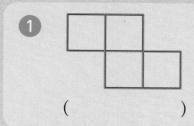

(　　　　　　　　)

2

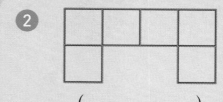

(　　　　　　　　)

3

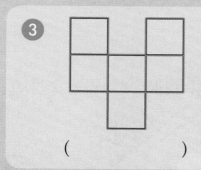

(　　　　　　　　)

4

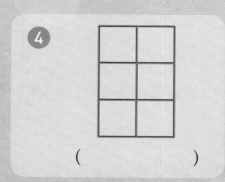

(　　　　　　　　)

1-1 철사를 잘라 가로가 5 cm, 세로가 3 cm인 직사각형을 겹치지 않게 이어 붙였습니다. 이어 붙인 직사각형의 수가 10개일 때의 둘레를 구해 보세요.

( )

• 직사각형의 수가 1개에서 시작하여 1개씩 늘어날 때마다 둘레가 몇 cm씩 늘어나는지 알아봅니다.

1-2 철사를 잘라 가로가 4 cm, 세로가 2 cm인 직사각형을 겹치지 않게 이어 붙였습니다. 이어 붙인 직사각형의 수가 12개일 때의 둘레를 구해 보세요.

(1) 직사각형이 1개에서 시작하여 1개씩 늘어날 때마다 둘레는 몇 cm씩 늘어날까요?

( )

(2) 직사각형이 12개일 때의 둘레를 구해 보세요.

( )

1-3 철사를 잘라 가로가 2 cm, 세로가 4 cm인 직사각형을 겹치지 않게 이어 붙였습니다. 이어 붙인 직사각형의 수가 9개일 때의 둘레를 구해 보세요.

(1) 직사각형이 1개에서 시작하여 1개씩 늘어날 때마다 둘레는 몇 cm 늘어날까요?

( )

(2) 직사각형이 9개일 때 둘레를 구해 보세요.

( )

2-1 희연이가 미술 시간에 철사를 잘라 한 변의 길이가 2 cm인 정사각형을 4개 만들었습니다. 희연이는 이 정사각형을 겹치지 않게 변끼리 이어 붙여 직사각형을 만들려고 합니다. 만들 수 있는 직사각형의 둘레가 가장 길 때와 가장 짧을 때 각각 몇 cm인지 구해 보세요.

(,   )

- 구하려는 것: 만들 수 있는 직사각형의 가장 긴 둘레와 가장 짧은 둘레
- 주어진 조건: 한 변의 길이가 2 cm인 정사각형 4개
- 해결 전략: ❶ 만들 수 있는 직사각형을 그려 보기
  ❷ 각각의 직사각형의 둘레가 가장 길 때와 가장 짧을 때 구하기

✎ 구하려는 것(〰〰)과 주어진 조건(──)에 표시해 봅니다.

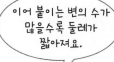

2-2 진솔이가 미술 시간에 철사를 잘라 한 변의 길이가 3 cm인 정사각형을 5개 만들었습니다. 진솔이는 이 정사각형을 겹치지 않게 변끼리 이어 붙여 도형을 만들려고 합니다. 만들 수 있는 도형의 둘레가 가장 길 때와 가장 짧을 때 각각 몇 cm인지 구해 보세요.

해결 전략
❶ 만들 수 있는 도형을 그려 보기
❷ 각각의 도형의 둘레를 구하기

(,   )

2-3 서현이가 미술 시간에 철사를 잘라 한 변의 길이가 5 cm인 크기가 같은 정육각형을 3개 만들었습니다. 서현이는 이 정육각형을 겹치지 않게 변끼리 이어 붙여 도형을 만들려고 합니다. 만들 수 있는 도형의 둘레가 가장 짧을 때는 몇 cm인지 구해 보세요.

이어 붙이는 변의 수가 많을수록 둘레가 짧아져요.

(   )

1
창의 · 융합

철사를 잘라 만든 둘레가 16 cm인 정사각형을 겹치지 않게 이어 붙여서 만든 도형입니다. 만든 도형의 둘레는 몇 cm인지 구해 보세요.

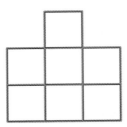

정사각형의 한 변의 길이부터 구해 보세요.

(   )

2
추론

규칙에 따라 정다각형이 배열되어 있을 때 표의 빈칸을 채우고 정십각형의 둘레를 구해 보세요.

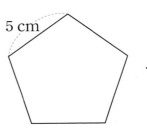

5 cm

4 cm

3 cm

......

도형	정삼각형	정사각형	정오각형	......
한 변의 길이(cm)				......
변의 수(개)				......
둘레(cm)				......

(   )

3 둘레가 72 m인 정사각형 모양의 땅을 그림과 같이 크기가 같은 6개의 직사각형 모양으로 나누었습니다. 작은 직사각형 모양의 땅 1개의 둘레는 몇 m인지 구해 보세요.

문제 해결

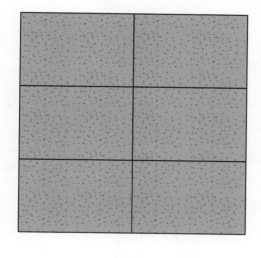

정사각형의 한 변의 길이를 구해요.

(   )

4 철사를 잘라 가로가 6 cm, 세로가 3 cm인 직사각형 6개를 만들었습니다. 이 직사각형 6개를 겹치지 않게 이어 붙여 둘레가 가장 짧은 직사각형을 만들려고 합니다. 이때 직사각형의 둘레는 몇 cm인지 구해 보세요.

추론

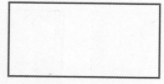

(   )

4일 [개념·원리] 길잡이　조각을 붙여 도형의 넓이 구하기

1 조각을 붙여 직사각형을 만들어 넓이 구하기

예 색칠한 부분의 넓이 구하기

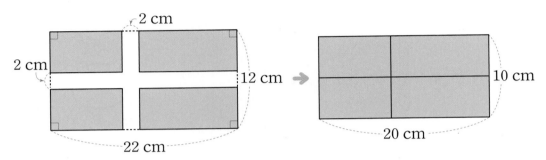

조각을 붙여 하나의 직사각형을 만들 수 있습니다.

➡ (색칠한 부분의 넓이)＝(가로)×(세로)＝20×10＝200 (cm²)

활동 문제 직사각형 모양의 공원에 길이 나 있습니다. 길을 제외한 부분의 넓이는 몇 m²인지 구해 보세요. (단, 길의 폭은 일정합니다.)

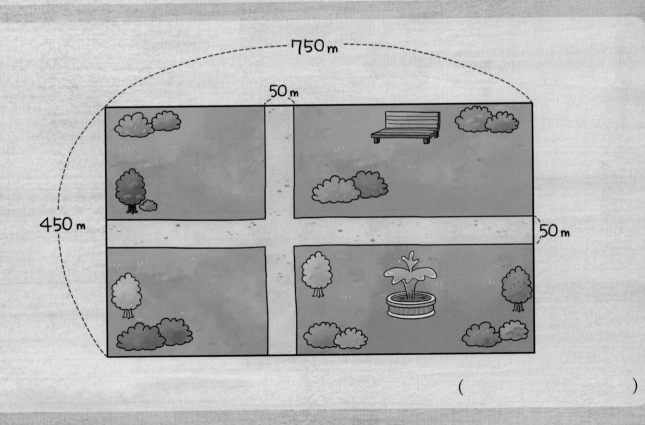

(　　　　　　)

▶정답 및 해설 **30**쪽

② 조각을 붙여 사다리꼴을 만들어 넓이 구하기

예 색칠한 부분의 넓이 구하기

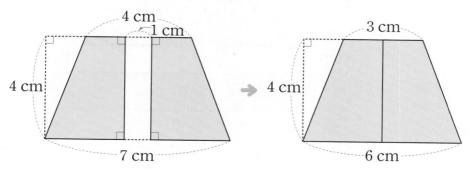

조각을 붙여 하나의 사다리꼴을 만들 수 있습니다.

➡ (색칠한 부분의 넓이)＝((윗변의 길이)＋(아랫변의 길이))×(높이)÷2

＝(3＋6)×4÷2＝18 (cm²)

활동 문제   사다리꼴 모양의 공원에 길이 나 있습니다. 길을 제외한 공원의 넓이는 몇 m²인지 구해 보세요. (단, 길의 폭은 일정합니다.)

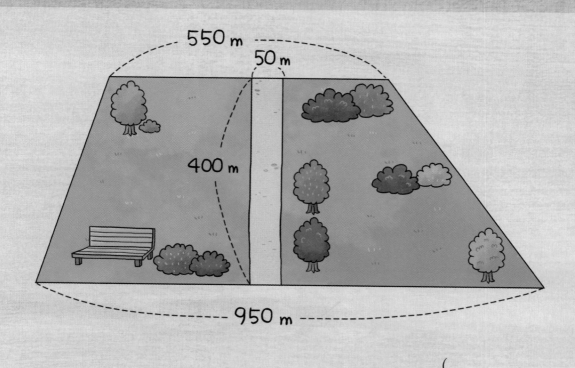

(   )

1-1 색칠한 부분의 넓이를 구해 보세요.

17 cm
2 cm
8 cm 2 cm 2 cm
2 cm

(   )

• 색칠한 부분을 모아서 하나의 도형으로 만들어 넓이를 구합니다.

1-2 색칠한 부분의 넓이를 구해 보세요.

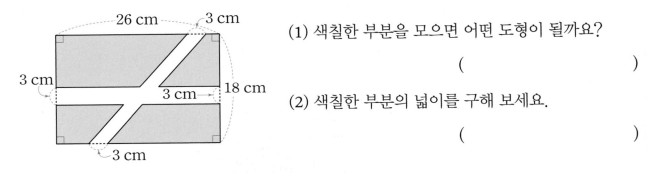

26 cm   3 cm
3 cm
3 cm   18 cm
3 cm

(1) 색칠한 부분을 모으면 어떤 도형이 될까요?

(   )

(2) 색칠한 부분의 넓이를 구해 보세요.

(   )

1-3 색칠한 부분의 넓이를 구해 보세요.

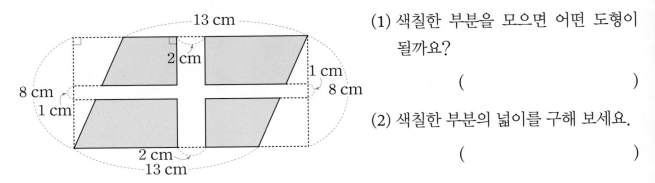

13 cm
2 cm
8 cm   1 cm
1 cm   8 cm
2 cm
13 cm

(1) 색칠한 부분을 모으면 어떤 도형이 될까요?

(   )

(2) 색칠한 부분의 넓이를 구해 보세요.

(   )

▶정답 및 해설 30쪽

2-1 가로가 320 m, 세로가 220 m인 직사각형 모양의 잔디밭에 폭이 20 m로 일정한 길을 다음과 같이 만들려고 합니다. 길을 제외한 잔디밭의 넓이는 몇 m²인지 구해 보세요.

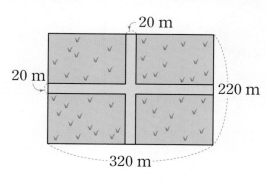

(   )

- 구하려는 것: 길을 제외한 잔디밭의 넓이
- 주어진 조건: 공원의 가로, 세로, 길의 폭
- 해결 전략: ❶ 잔디밭 부분을 모아 하나의 도형으로 만들기
             ❷ 도형의 넓이를 구하기

✎ 구하려는 것(〜〜)과 주어진 조건(——)에 표시해 봅니다.

2-2 가로가 210 m, 세로가 280 m인 직사각형 모양의 잔디밭에 다음과 같이 길을 만들려고 합니다. 길을 제외한 잔디밭의 넓이는 몇 m²인지 구해 보세요.

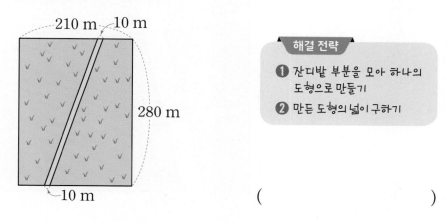

해결 전략

❶ 잔디밭 부분을 모아 하나의 도형으로 만들기
❷ 만든 도형의 넓이 구하기

(   )

2-3 사다리꼴 모양의 잔디밭에 오른쪽과 같이 길을 냈습니다. 길을 제외한 잔디밭의 넓이는 몇 m²인지 구해 보세요.

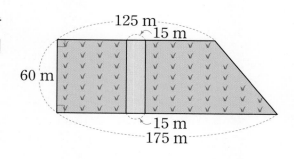

(   )

1 마름모와 직사각형의 넓이가 같을 때 직사각형의 가로를 구해 보세요.

문제 해결

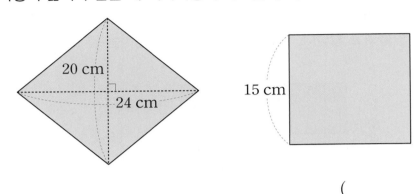

(   )

2 색칠한 부분의 넓이를 구해 보세요.

추론

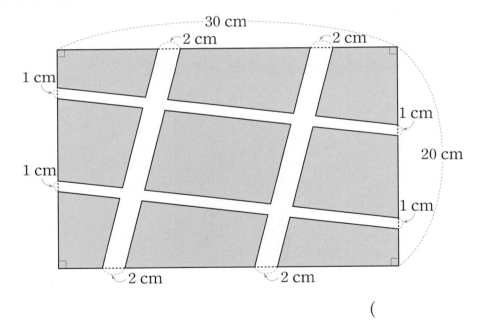

(   )

▶정답 및 해설 30쪽

3

창의·융합

둘레가 48 m인 정사각형 모양의 정원에 다음과 같이 폭이 일정한 길을 만들었을 때 길을 제외한 정원의 넓이를 구해 보세요.

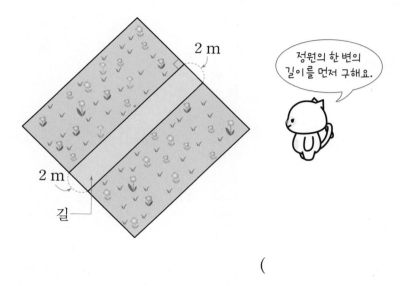

정원의 한 변의 길이를 먼저 구해요.

4주 4일

( )

4

문제 해결

그림과 같이 사다리꼴 모양의 색종이를 자르는 선을 따라 자른 후 가운데 조각을 제외한 남은 두 조각을 붙였습니다. 붙인 후의 색종이의 넓이가 588 cm²일 때 붙이지 않은 가운데 조각 색종이의 넓이는 몇 cm²인지 구해 보세요.

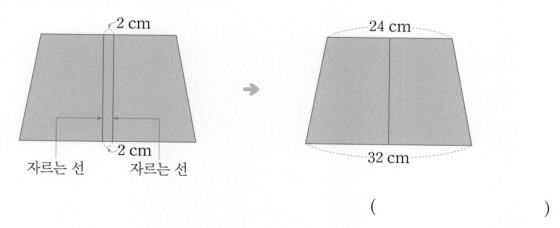

( )

1 도형을 나누어 넓이 구하기

- 사다리꼴 2개로 나누어 도형의 넓이 구하기

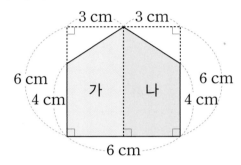

(가 사다리꼴의 넓이)
$= (4+6) \times 3 \div 2 = 15 \ (cm^2)$
(나 사다리꼴의 넓이)
$= (4+6) \times 3 \div 2 = 15 \ (cm^2)$
➡ $15 + 15 = 30 \ (cm^2)$

- 삼각형과 직사각형으로 나누어 도형의 넓이 구하기

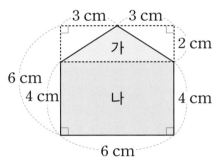

(가 삼각형의 넓이)
$= 6 \times 2 \div 2 = 6 \ (cm^2)$
(나 직사각형의 넓이)
$= 6 \times 4 = 24 \ (cm^2)$
➡ $6 + 24 = 30 \ (cm^2)$

활동 문제   다음과 같은 땅이 있습니다. ☐ 안에 알맞은 수를 써넣고 땅의 넓이를 구해 보세요.

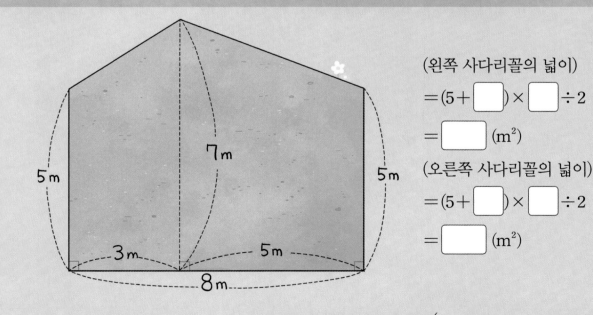

(왼쪽 사다리꼴의 넓이)
$= (5 + \boxed{}) \times \boxed{} \div 2$
$= \boxed{} \ (m^2)$

(오른쪽 사다리꼴의 넓이)
$= (5 + \boxed{}) \times \boxed{} \div 2$
$= \boxed{} \ (m^2)$

(   )

❷ 도형을 더하여 넓이 구하기

• 삼각형을 붙여 직사각형을 만들어 도형의 넓이 구하기

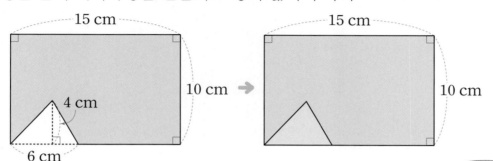

삼각형을 더해 직사각형을 만듭니다.

(직사각형의 넓이) $= 15 \times 10 = 150 \ (cm^2)$

(삼각형의 넓이) $= 6 \times 4 \div 2 = 12 \ (cm^2)$

➡ (처음 도형의 넓이) $= 150 - 12 = 138 \ (cm^2)$

도형을 더해 넓이를
구하기 편한 도형으로
만들어요.

4주
‥‥‥‥
5일

활동 문제   다음과 같은 땅이 있습니다. ▢ 안에 알맞은 수를 써넣고 땅의 넓이를 구해 보세요.

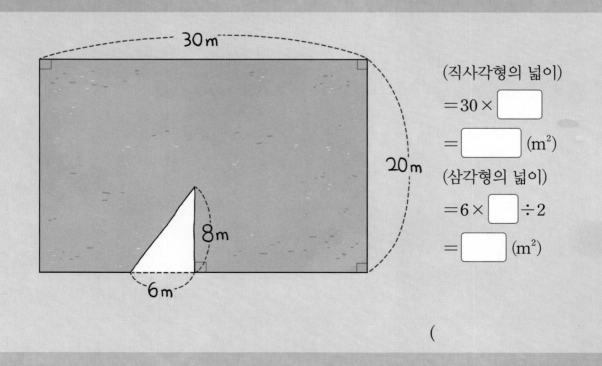

(직사각형의 넓이)

$= 30 \times \boxed{}$

$= \boxed{} \ (m^2)$

(삼각형의 넓이)

$= 6 \times \boxed{} \div 2$

$= \boxed{} \ (m^2)$

(   )

1-1 색칠한 부분의 넓이를 구해 보세요.

2 cm
2 cm
6 cm
12 cm

(   )

• 큰 직사각형의 넓이에서 작은 정사각형의 넓이를 뺍니다.

1-2 색칠한 부분의 넓이를 구해 보세요.

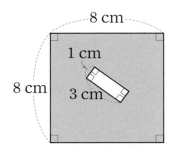

8 cm
1 cm
3 cm
8 cm

(1) 큰 정사각형의 넓이를 구해 보세요.

(   )

(2) 색칠하지 않은 부분의 넓이를 구해 보세요.

(   )

(3) ☐ 안에 알맞은 수를 써넣으세요.

색칠한 부분의 넓이는 ☐ − ☐ = ☐ (cm²)입니다.

2-1 재경이는 다음과 같은 사다리꼴 모양의 종이를 둘로 나누었습니다. 둔각삼각형 모양 종이의 넓이가 27 cm²일 때 전체 종이의 넓이를 구해 보세요.

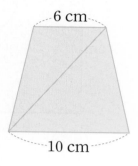

6 cm

10 cm

(   )

- 구하려는 것: 전체 종이의 넓이
- 주어진 조건: 둔각삼각형 모양 종이의 넓이
- 해결 전략: ❶ 둔각삼각형의 높이 구하기 ❷ 사다리꼴의 넓이 구하기

✎ 구하려는 것(〰)과 주어진 조건(──)에 표시해 봅니다.

2-2 혜수는 다음과 같은 모양의 종이를 둘로 나누었습니다. 나눈 종이 중 가장 짧은 밑변이 있는 사다리꼴 모양 종이의 넓이가 20 cm²일 때 전체 종이의 넓이를 구해 보세요.

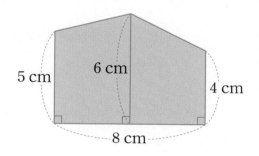

5 cm   6 cm   4 cm

8 cm

해결 전략

❶ 가장 짧은 밑변이 있는 사다리꼴 찾기
❷ 사다리꼴의 높이 구하기
❸ 두 사다리꼴의 넓이를 더하기

(   )

2-3 정후는 다음과 같은 모양의 종이를 둘로 나누었습니다. 직각삼각형 모양 종이의 넓이가 6 cm²일 때 전체 종이의 넓이를 구해 보세요.

3 cm

2 cm

(   )

1 색칠한 부분의 넓이를 2가지 방법으로 구하려고 합니다. ☐ 안에 알맞은 수를 써넣으세요.

문제 해결

5 cm

9 cm

5 cm

9 cm

(1)

5 cm

9 cm

5 cm

직사각형의 넓이: ☐ cm²

사다리꼴의 넓이: ☐ cm²

➡ 색칠한 부분의 넓이: ☐ cm²

(2)

9 cm

9 cm

정사각형의 넓이: ☐ cm²

직각삼각형의 넓이: ☐ cm²

➡ 색칠한 부분의 넓이: ☐ cm²

2 넓이가 더 넓은 도형의 기호를 써 보세요.

추론

㉠

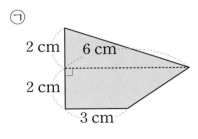

2 cm

6 cm

2 cm

3 cm

㉡

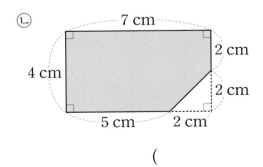

7 cm

4 cm

2 cm

2 cm

5 cm

2 cm

(   )

3 창의·융합

경근이는 직사각형 모양의 색종이를 반으로 접어 그림과 같이 삼각형 모양을 잘랐습니다. 삼각형 모양을 잘라내고 남은 색종이를 펼쳤을 때 넓이를 구해 보세요.

펼쳤을 때의 모양을 생각해 봐요.

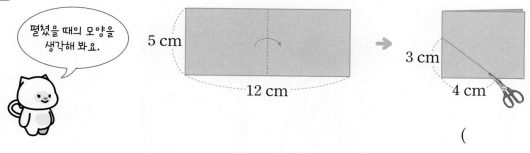

(   )

4 문제 해결

색칠한 부분의 넓이를 구해 보세요.

도형을 더 붙여 큰 정사각형을 만들어 넓이를 구할 수 있어요.

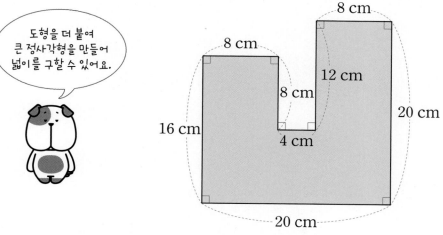

도형을 몇 개의 직사각형으로 나누어 넓이를 구할 수 있어요.

(   )

1 문의 넓이가 쓰여 있는 상자를 찾아 연결해 보세요. 추론

평행사변형   삼각형   사다리꼴   마름모

63 cm²   72 cm²   45 cm²   21 cm²

2 동물들이 땅따먹기 놀이를 했습니다. 동물들이 차지한 땅의 넓이를 구해 보세요. (단, 모눈종이 한 칸의 가로, 세로는 1 cm입니다.) 문제 해결

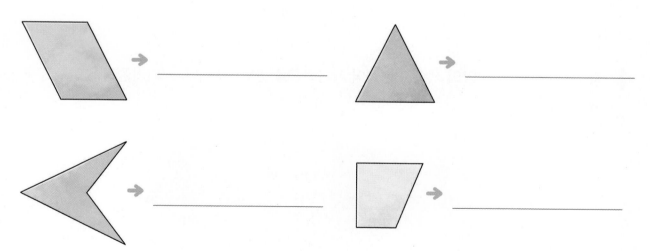

3 텃밭을 만들기 위해서는 땅을 고르게 만들고 이랑을 만들어야 합니다. 이랑을 만든 텃밭의 모양을 모눈종이에 나타냈더니 다음과 같은 평행사변형이었습니다. 평행사변형의 넓이는 몇 cm²인지 구해 보세요. 창의·융합

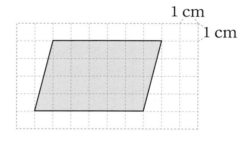

(   )

4 재희가 직사각형 모양의 색종이를 접어 사다리꼴을 만들었습니다. 사다리꼴의 넓이를 구해 보세요. 문제 해결

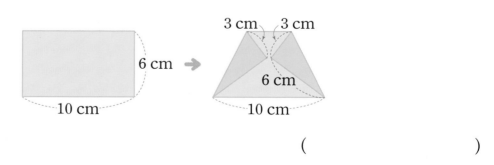

(   )

5 텃밭에 상추를 심고 가꾸는 방법은 다음과 같습니다. 상추를 심은 텃밭의 모양을 모눈종이에 나타냈더니 다음과 같은 사다리꼴이었습니다. 사다리꼴의 넓이는 몇 cm²인지 구해 보세요.

창의·융합

1. 심을 상추의 씨앗을 직접 뿌린 후 흙을 얇게 덮어 주고 물을 주세요.

2. 상추 잎이 조금씩 나오면 촘촘히 있는 것은 군데군데 뽑아내면서 키우세요.

3. 다 자랐으면 윗잎이 적어도 6~7장은 되게 놔두면서 따서 먹으면 돼요.

4주

특강

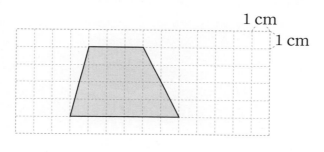

1 cm
1 cm

(   )

6 색칠한 부분의 넓이가 80 cm²일 때 직사각형 ㄱㄴㄷㄹ의 넓이를 구해 보세요. 추론

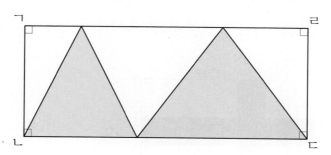

(   )

7 다음은 과속 방지 턱을 위에서 본 것입니다. 빨간색으로 표시한 평행사변형 모양의 넓이는 몇 cm²인지 식을 쓰고 답을 구해 보세요. 창의·융합

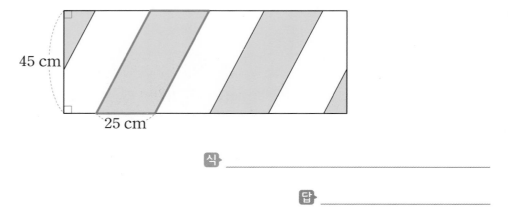

식 _____

답 _____

8 학교 근처 도로에는 다음과 같은 표시가 있었습니다. 검은색 선으로 표시한 마름모 모양의 넓이를 구해 보세요. 창의·융합

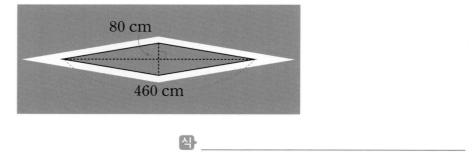

식 _____

답 _____

9 인수가 핀란드 국기를 그렸습니다. 흰색 부분의 넓이를 구해 보세요. 창의·융합

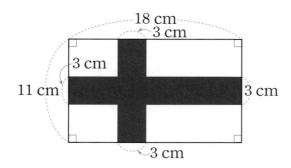

(   )

10 블록 조각 맞추기 게임인 테트리스는 7가지 모양의 블록을 이용하여 가로로 빈틈없이 채우면 채워진 가로줄이 사라지면서 점수가 올라가는 게임입니다. 작은 정사각형 블록 조각 1개의 넓이가 1 cm^2일 때, 현재 블록 조각이 차지하는 부분의 넓이는 모두 몇 cm^2인지 구해 보세요. 창의·융합

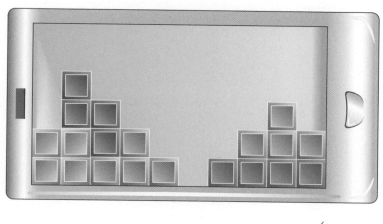

(   )

11 주어진 칠교판의 조각으로 만든 모양의 넓이를 구해 보세요. 추론

각각의 조각의 넓이를 구한 후 더해요.

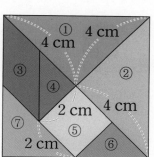

1

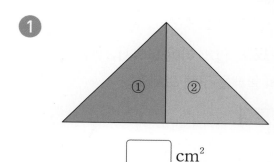

◻ cm^2

2

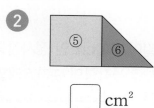

◻ cm^2

누구나 100점 TEST

[1~2] ☐ 안에 알맞은 수를 구해 보세요.

1

$$\boxed{} = \frac{1}{2} + \frac{1}{4} - \frac{1}{16}$$

(   )

2

$$\frac{1}{2} - \frac{1}{6} + \frac{1}{3} = \boxed{}$$

(   )

3 저울이 수평을 이루고 있을 때 사과의 무게는 몇 kg인지 구해 보세요. (단, 배의 무게는 모두 같습니다.)

 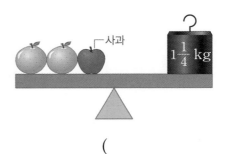

(   )

4 철사를 잘라 한 변의 길이가 1 cm인 정사각형을 겹치지 않게 이어 붙여서 정사각형의 개수를 늘려 가려고 합니다. 정사각형의 수가 5개일 때의 둘레를 구해 보세요.

……

(   )

5 놀이터에서 경찰서까지의 거리를 구해 보세요.

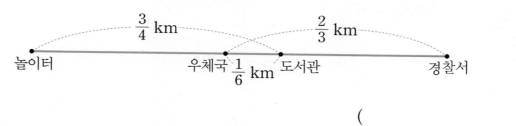

(   )

6 색칠한 사각형은 모두 직사각형입니다. 색칠한 부분의 넓이를 구해 보세요.

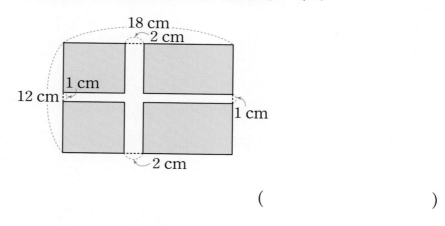

(   )

7 색칠한 부분의 넓이를 구해 보세요.

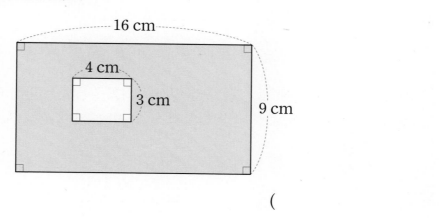

(   )

memo

초등 수학 기초 학습 능력 강화 교재

2021 신간

하루하루 쌓이는 수학 자신감!

똑똑한 하루

수학 시리즈

우리 아이 공부습관 프로젝트! 초1~초6

하루 수학 (총 6단계, 12권)

하루 계산 (총 6단계, 12권)

하루 도형 (총 6단계, 6권)

하루 사고력 (총 6단계, 12권)

똑똑한 하루 시/리/즈

✂ 쉽다!

10분이면 하루 치 공부를 마칠 수 있는 커리큘럼으로,
아이들이 초등 학습에 쉽고 재미있게 접근할 수 있도록 구성하였습니다.

🧩 재미있다!

교과서는 물론 생활 속에서 쉽게 접할 수 있는 다양한 소재와
재미있는 게임 형식의 문제로 흥미로운 학습이 가능합니다.

📖 똑똑하다!

초등학생에게 꼭 필요한 학습 지식 습득은 물론
창의력 확장까지 가능한 교재로 올바른 공부습관을 가지는 데 도움을 줍니다.

정답 및 해설

똑똑한
하루
사고력

초등
수학 5A
5학년 수준

천재교육

정답 및 해설
포인트 **3**가지

▶ 한눈에 알아볼 수 있는 정답 제시

▶ 혼자서도 이해할 수 있는 문제 풀이

▶ 꼭 필요한 사고력 유형 풀이 제시

똑 똑 한

하루
사고력

창의·코딩 수학

정답 및 해설

초등
수학 **5** **A**
5학년 수준

정답 및 해설

1주

이번 주에는 무엇을 공부할까? ❷   6쪽~7쪽

1-1 (1) $42-7+\boxed{5\times2}$ (2) $42-\boxed{(7+5)}\times2$

1-2 ㉢, ㉡, ㉣, ㉠, ㉤

2-1 $65-5\times(4+14\div7)=65-5\times(4+2)$
　　　　　 ① 　　　　　　　　　　　　 $=65-5\times6$
　　　　　 ②
　　　　　 ③ 　　　　　　　　　　　　 $=65-30$
　　　　　 ④ 　　　　　　　　　　　　 $=35$

2-2 (1) 62 (2) 7 (3) 12

3-1 ( )(○)   **3-2** (○)(×)
　　(○)( )   (○)(○)

4-1 (1) 1, 2, 5, 10 (2) 10

4-2 (위에서부터) 3, 3, 2 ; 2, 3, 12

1-1 (1) 덧셈, 뺄셈, 곱셈이 섞여 있는 식은 곱셈을 먼저 계산합니다.
　　(2) ( )가 있는 식은 ( ) 안을 먼저 계산합니다.

1-2 ( ) ➡ ×, ÷ ➡ +, −의 순서로 계산합니다.

3-1 왼쪽 수를 오른쪽 수로 나누었을 때 나누어떨어지는 것을 찾습니다.
　　$12\div4=3,\ 45\div9=5$

3-2 큰 수를 작은 수로 나누었을 때 나누어떨어지면 두 수는 약수와 배수의 관계입니다.
　　$42\div7=6,\ 24\div8=3,\ 96\div16=6$

4-1 (1) 두 수의 공통인 약수를 찾아 씁니다.
　　(2) 공약수 중에서 가장 큰 수를 찾아 씁니다.

4-2 두 수를 나눈 공약수들의 곱이 두 수의 최대공약수입니다.

1일 개념·원리 길잡이   8쪽~9쪽

활동 문제 8쪽
(위에서부터) 7, 5, 7, 23 ; 8, 14, 8, 14, 90
; 12, 10, 12, 10, 98 ; 30, 5, 30, 5, 115

활동 문제 9쪽

❶ | 6 | 4 | ÷ | 8 | ; 8   ❷ | 5 | + | 1 | 3 | × | 2 | ; 31

❸ | 9 | × | 3 | − | 2 | 8 | ÷ | 7 | ; 23

활동 문제 8쪽

· $5\times7-(5+7)=5\times7-12=35-12=23$
· $8\times14-(8+14)=8\times14-22=112-22=90$
· $12\times10-(12+10)=12\times10-22=120-22=98$
· $30\times5-(30+5)=30\times5-35=150-35=115$

활동 문제 9쪽

❷ $5+13\times2=5+26=31$

❸ $9\times3-28\div7=27-28\div7=27-4=23$

1일 서술형 길잡이 독해력 길잡이   10쪽~11쪽

1-1 370

1-2 (1) 34, 2 (2) 51 (3) 136

1-3 (1) $7+(7-4)\times4=19$; 19 (2) 109

2-1 48

2-2 지현이는 다음과 같이 규칙을 정하여 암호를 만들었습니다. 지현이가 종이에 적은 암호를 해독하여 답을 구해 보세요.

; 11

1-1 $10♥(4♥8)=10♥36=10+10\times36$
　　　　　　　　　　　 $=10+360=370$

1-2 (2) $34\times2-34\div2=68-34\div2=68-17=51$
　　(3) $(34★2)★3=51★3=51\times3-51\div3$
　　　　　　　　 $=153-51\div3=153-17=136$

1-3 (1) $7+(7-4)\times4=7+3\times4=7+12=19$
　　(2) $9♣(4♣7)=9♣19=19+(19-9)\times9$
　　　　　　　　 $=19+10\times9=19+90=109$

2-1 $174\div6-19+38=29-19+38=10+38=48$

2-2 $27+36\div9-5\times4=27+4-5\times4=27+4-20$
　　　　　　　　　　　　 $=31-20=11$

1일 사고력·코딩   12쪽~13쪽

1 (1) 28 (2) 8   **2** 158

3 240   **4** 3시

5 (1) 20 (2) 35

1 (1) $5\times8-6\times2=40-12=28$
　　(2) $4\times9-7\times4=36-28=8$

2
- $400 \blacktriangle 25 = 400 - 25 + 400 \div 25$
  $= 400 - 25 + 16 = 375 + 16 = 391$
- $177 \blacktriangle 3 = 177 - 3 + 177 \div 3$
  $= 177 - 3 + 59 = 174 + 59 = 233$
➡ $391 - 233 = 158$

3 $138 \div 23 \times 40 = 6 \times 40 = 240$

4 $35 - 4 \times 16 \div 2 = 35 - 64 \div 2 = 35 - 32 = 3$
➡ 은정이가 세훈이에게 만나자고 한 시각은 3시입니다.

5 (1) $10 \heartsuit 6 = (10 - 2) \times 6 \div 4 + 8 = 8 \times 6 \div 4 + 8$
$= 48 \div 4 + 8 = 12 + 8 = 20$

(2) A는 1회의 출력값이므로 20이고, B는 처음과 같은
값이므로 6입니다.
➡ $20 \heartsuit 6 = (20 - 2) \times 6 \div 4 + 8 = 18 \times 6 \div 4 + 8$
$= 108 \div 4 + 8 = 27 + 8 = 35$

2일 개념·원리 길잡이   **14**쪽~**15**쪽

활동 문제 **14**쪽

❶ $6 + 5 + 4 \underset{\ast}{} 3 + 2 + 1 = 15$

❷ $6 + 5 + 4 + 3 \underset{\ast}{} 2 + 1 = 17$

❸ $6 + 5 + 4 + 3 + 2 \underset{\ast}{} 1 = 19$

❹ $6 + 5 \underset{\ast}{} 4 + 3 + 2 + 1 = 13$

활동 문제 **15**쪽

$26 \times ⑥ \div ② + ④$; $144 \div (① + ⑦) + ⑧$
; $⑤ + ⑨ \times (90 \div ③)$
순서를 바꿔 써도 정답입니다.

활동 문제 **14**쪽

❶ $21 - 15 = 6(= 3 \times 2)$이므로 3을 빼는 수로 놓아야 합
니다.

❷ $21 - 17 = 4(= 2 \times 2)$이므로 2를 빼는 수로 놓아야 합
니다.

❸ $21 - 19 = 2(= 1 \times 2)$이므로 1을 빼는 수로 놓아야 합
니다.

❹ $21 - 13 = 8(= 4 \times 2)$이므로 4를 빼는 수로 놓아야 합
니다.

활동 문제 **15**쪽

- 식 $26 \times \bigcirc \div \bigcirc + \bigcirc$의 계산 결과가 가장 크려면 곱하
는 수 자리에 가장 큰 수를, 나누는 수 자리에 가장 작은
수를 놓아야 합니다.
- 식 $144 \div (\bigcirc + \bigcirc) + \bigcirc$의 계산 결과가 가장 크려면
144를 나누는 수인 $\bigcirc + \bigcirc$가 가장 작은 수가 되도록
만들어야 합니다.

2일 서술형 길잡이   독해력 길잡이   **16**쪽~**17**쪽

1-1 $+, - ; -, +$

1-2 (1) 10   (2) $+, -, +$

1-3 (1) 14   (2) $-, +, +, +$

2-1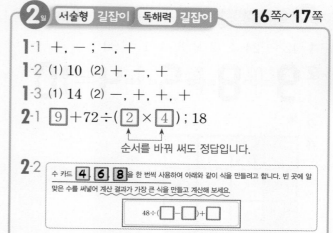
$\boxed{9} + 72 \div (\boxed{2} \times \boxed{4})$; 18
순서를 바꿔 써도 정답입니다.

2-2
수 카드 $\boxed{4}$ $\boxed{6}$ $\boxed{8}$ 을 한 번씩 사용하여 아래와 같이 식을 만들려고 합니다. 빈 곳에 알맞은 수를 써넣어 계산 결과가 가장 큰 식을 만들고 계산해 보세요.

$48 \div (\boxed{} - \boxed{}) + \boxed{}$

; $48 \div (\boxed{6} - \boxed{4}) + \boxed{8}$; 32

2-3 35, 5

1-1
- $7 + 1 + 3 = 11$이고 $11 - 5 = 6$이므로 $6 \div 2 = 3$에서
빼는 수는 3이어야 합니다. ➡ $7 + 1 - 3 = 5$
- $7 + 5 + 1 = 13$이고 $13 - 3 = 10$이므로 $10 \div 2 = 5$
에서 빼는 수는 5이어야 합니다. ➡ $7 - 5 + 1 = 3$

1-2 (1) $12 + 1 + 5 + 3 = 21$ ➡ $21 - 11 = 10$
(2) $10 \div 2 = 5$이므로 5 앞에 $-$를 써넣고, 나머지 자리
에 $+$를 써넣습니다. ➡ $12 + 1 - 5 + 3 = 11$

1-3 (1) $9 + 7 + 5 + 3 + 1 = 25$ ➡ $25 - 11 = 14$
(2) $14 \div 2 = 7$이므로 7 앞에 $-$를 써넣고, 나머지 자리
에 $+$를 써넣습니다. ➡ $9 - 7 + 5 + 3 + 1 = 11$

2-1 ( ) 안에 곱하는 두 수의 곱이 가장 작아야 72를 나누
었을 때 몫이 가장 크므로 계산 결과가 가장 큰 값이
됩니다.
➡ $9 + 72 \div (2 \times 4) = 9 + 72 \div 8 = 9 + 9 = 18$

2-2 ( ) 안의 두 수의 차가 가장 작아야 48을 나누었을 때
몫이 가장 크고, 더하는 수가 가장 커야 주어진 식의 계
산 결과가 가장 큰 값이 됩니다. 4, 6, 8로 만들 수 있는
가장 작은 차는 $6 - 4 = 2$ 또는 $8 - 6 = 2$이고, 더하는
수 자리에 가장 큰 수 8을 놓으면 계산 결과가 가장 큰
식은 $48 \div (6 - 4) + 8$입니다.
➡ $48 \div (6 - 4) + 8 = 48 \div 2 + 8 = 24 + 8 = 32$

2-3
- 계산 결과를 가장 크게 만들려면 84를 나누는 수가
가장 작아야 합니다.
➡ $84 \div (1 \times 3) + 7 = 84 \div 3 + 7 = 28 + 7 = 35$
- 계산 결과를 가장 작게 만들려면 84를 나누는 수가
가장 커야 합니다.
➡ $84 \div (7 \times 3) + 1 = 84 \div 21 + 1 = 4 + 1 = 5$

2일 사고력·코딩
18쪽~19쪽

1 $42 - 24 \div (2 \times 3) + 1 = 39$

2 $9 + 8 + 5 + 4 = 10$

3 예 $+, -, \div$; $\times, +, \div$

4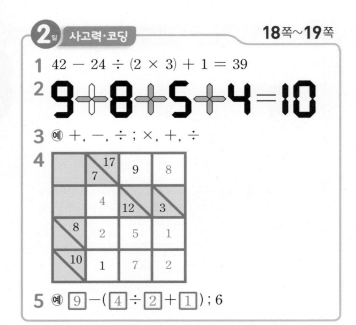

5 예 $\boxed{9} - (\boxed{4} \div \boxed{2} + \boxed{1})$; 6

---

1 ( )로 묶었을 때 식의 계산 결과가 달라지는 경우를 모두 찾아 계산해 봅니다.

- $(42-24) \div 2 \times 3 + 1 = 18 \div 2 \times 3 + 1 = 9 \times 3 + 1$
  $= 27 + 1 = 28 \ (\times)$
- $(42-24 \div 2) \times 3 + 1 = (42-12) \times 3 + 1$
  $= 30 \times 3 + 1 = 90 + 1$
  $= 91 \ (\times)$
- $42 - (24 \div 2 \times 3 + 1) = 42 - (12 \times 3 + 1)$
  $= 42 - (36 + 1) = 42 - 37$
  $= 5 \ (\times)$
- $42 - 24 \div (2 \times 3) + 1 = 42 - 24 \div 6 + 1$
  $= 42 - 4 + 1 = 38 + 1$
  $= 39 \ (\bigcirc)$
- $42 - 24 \div (2 \times 3 + 1) = 42 - 24 \div (6 + 1)$
  $= 42 - 24 \div 7$이므로 계산할 수 없습니다. $(\times)$
- $42 - 24 \div 2 \times (3 + 1) = 42 - 24 \div 2 \times 4$
  $= 42 - 12 \times 4 = 42 - 48$이 므로 계산할 수 없습니다. $(\times)$

2 $9 + 8 + 5 + 4 = 26$이고, 26과 10의 차는 $26 - 10 = 16$입니다. 16이 빼는 수의 2배와 같으므로 빼는 수는 $16 \div 2 = 8$입니다. 따라서 8 앞에는 $-$, 나머지는 $+$가 되도록 연산 기호를 색칠합니다.

3
- $4 + 4 - 4 \div 4 = 4 + 4 - 1 = 8 - 1 = 7$,
  $4 - 4 \div 4 + 4 = 4 - 1 + 4 = 3 + 4 = 7$
- $(4 \times 4 + 4) \div 4 = (16 + 4) \div 4 = 20 \div 4 = 5$,
  $(4 + 4 \times 4) \div 4 = (4 + 16) \div 4 = 20 \div 4 = 5$

4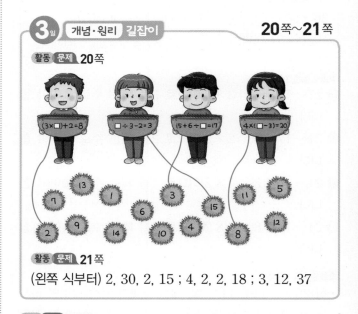

- $17 = 9 + ①$, $① = 8$
- $3 = 1 + 2$인데 한 줄을 이루는 흰색 칸에는 서로 다른 수를 넣어야 하므로 $⑤ = 1$, $⑦ = 2$입니다.
- $10 = 1 + ⑥ + 2$, $10 = 3 + ⑥$, $⑥ = 7$
- $12 = ④ + 7$, $④ = 5$
- $8 = ③ + 5 + 1$, $8 = ③ + 6$, $③ = 2$
- $7 = ② + 2 + 1$, $7 = ② + 3$, $② = 4$

5 계산 결과가 가장 크게 만들려면 가장 큰 수에서 가장 작은 수를 빼는 식을 만들어야 합니다.
따라서 빼지는 수 자리에 9를 놓고, 빼는 수인 $\boxed{} \div \boxed{} + \boxed{}$를 가장 작게 만들어야 합니다. 나눗셈의 몫이 가장 작은 경우는 $2 \div 1$, $4 \div 2$, $6 \div 3$, $8 \div 4$로 몫이 2인 경우인데, 나눗셈의 몫에 더하는 수가 가장 작아야 하므로 나눗셈식은 $4 \div 2$(또는 $6 \div 3$, $8 \div 4$)로 만들고 더하는 수 자리에 1을 놓아야 $\boxed{} \div \boxed{} + \boxed{}$가 가장 작게 됩니다.
→ $9 - (4 \div 2 + 1) = 9 - (2 + 1) = 9 - 3 = 6$

3일 개념·원리 길잡이
20쪽~21쪽

활동 문제 20쪽

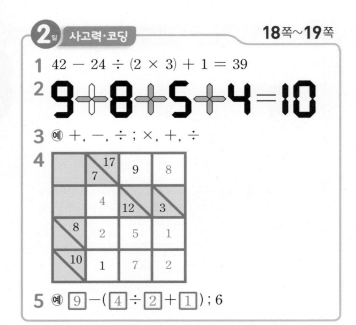

활동 문제 21쪽
(왼쪽 식부터) 2, 30, 2, 15 ; 4, 2, 2, 18 ; 3, 12, 37

활동 문제 20쪽
- $(3 \times \boxed{}) + 2 = 8$ → $3 \times \boxed{} = 6$, $\boxed{} = 2$
- $\boxed{} \div 3 - 2 = 3$ → $\boxed{} \div 3 = 5$, $\boxed{} = 15$
- $15 + 6 \div \boxed{} = 17$ → $6 \div \boxed{} = 2$, $\boxed{} = 3$
- $4 \times (\boxed{} - 3) = 20$ → $\boxed{} - 3 = 5$, $\boxed{} = 8$

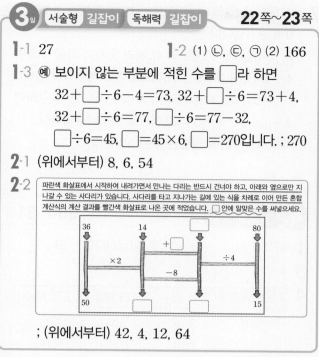

3일 | 서술형 길잡이 | 독해력 길잡이   22쪽~23쪽

1-1 27   **1-2** (1) ⓒ, ⓒ, ⊙ (2) 166

1-3 예 보이지 않는 부분에 적힌 수를 □라 하면
$32 + □ \div 6 - 4 = 73$, $32 + □ \div 6 = 73 + 4$,
$32 + □ \div 6 = 77$, $□ \div 6 = 77 - 32$,
$□ \div 6 = 45$, $□ = 45 \times 6$, $□ = 270$입니다. ; 270

2-1 (위에서부터) 8, 6, 54

2-2 파란색 화살표에서 시작하여 내려가면서 만나는 다리는 반드시 건너야 하고, 아래와 옆으로만 지나갈 수 있는 사다리가 있습니다. 사다리를 타고 지나가는 길에 있는 식을 차례로 이어 만든 혼합 계산식의 계산 결과를 빨간색 화살표로 나온 곳에 적었습니다. □ 안에 알맞은 수를 써넣으세요.

; (위에서부터) 42, 4, 12, 64

1-1 계산 순서를 거꾸로 하여 □ 안에 알맞은 수를 구합니다.
$(48 - □) \div 3 \times 5 = 35$
➡ $(48 - □) \div 3 = 35 \div 5$, $(48 - □) \div 3 = 7$,
$48 - □ = 7 \times 3$, $48 - □ = 21$, $□ = 48 - 21$,
$□ = 27$

1-2 (2) $43 - (26 + □) \div 8 = 19$
➡ $(26 + □) \div 8 = 43 - 19$, $(26 + □) \div 8 = 24$,
$26 + □ = 24 \times 8$, $26 + □ = 192$,
$□ = 192 - 26$, $□ = 166$

2-1 • $16 \div 4 \times □ = 24$ ➡ $4 \times □ = 24$, $□ = 6$
• $□ - 4 \div 2 = 6$ ➡ $□ - 2 = 6$, $□ = 8$
• $10 - 4 + 8 \times 6 = □$ ➡ $10 - 4 + 48 = □$,
              $6 + 48 = □$, $□ = 54$

2-2 • $36 \times 2 - 8 = □$ ➡ $72 - 8 = □$, $□ = 64$
• $14 + □ \div 4 = 15$ ➡ $□ \div 4 = 15 - 14$,
            $□ \div 4 = 1$, $□ = 4$
• $□ + 4 \times 2 = 50$ ➡ $□ + 8 = 50$, $□ = 42$
• $80 \div 4 - 8 = □$ ➡ $20 - 8 = □$, $□ = 12$

3일 | 사고력·코딩   24쪽~25쪽

1 13   **2** 22

3 35   **4** (위에서부터) 38, 21, 35

---

1 24는 50보다 작으므로 $24 + 14 = 38$
➡ 38은 50보다 작으므로 $38 + 14 = 52$
➡ 52는 50보다 크고 홀수가 아니므로 $52 \div 2 = 26$
➡ 26은 홀수가 아니므로 $26 \div 2 = 13$
➡ 13은 홀수이므로 끝 부분에 나오는 값은 13입니다.

2 보이지 않는 부분에 적힌 수를 □라 하면
$25 + (□ - 8) \times 3 \div 2 = 46$, $(□ - 8) \times 3 \div 2 = 46 - 25$,
$(□ - 8) \times 3 \div 2 = 21$, $(□ - 8) \times 3 = 21 \times 2$,
$(□ - 8) \times 3 = 42$, $□ - 8 = 42 \div 3$, $□ - 8 = 14$,
$□ = 14 + 8$, $□ = 22$입니다.

3 계산 결과에서부터 거꾸로 생각하여 ♥에 알맞은 수를 구합니다.
♥ ➡ $+ 7$ ➡ $\times 2$ ➡ $\div 3$ ➡ $- 5$ ➡ 23이므로
거꾸로 계산하면
$23 + 5 = 28$ ➡ $28 \times 3 = 84$ ➡ $84 \div 2 = 42$
➡ $42 - 7 = 35$입니다.
따라서 ♥에 알맞은 수는 35입니다.

4 • $13 - 8 + 15 + 6 + 9 = 35$
• $26 + 14 - 2 - 6 - 11 = 21$
• $□ - 14 - 7 - 15 + 11 = 13$
➡ $□ = 13 - 11 + 15 + 7 + 14 = 38$

4일 | 개념·원리 길잡이   26쪽~27쪽

활동 문제 26쪽

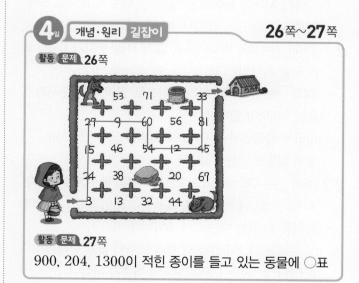

활동 문제 27쪽

900, 204, 13000이 적힌 종이를 들고 있는 동물에 ○표

활동 문제 26쪽

3으로 나누었을 때 나누어떨어지면 3의 배수입니다.

활동 문제 27쪽

오른쪽 끝 두 자리 수가 00이거나 4의 배수인 수를 모두 찾습니다.

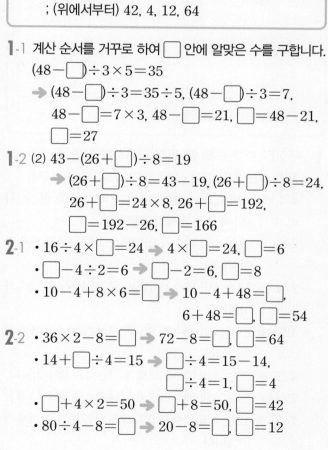

1-1 2개

1-2 0, 0, 1, 3, 5, 7, 9, 5

1-3 (1) 2, 5, 8 (2) 3개

2-1 0

2-2

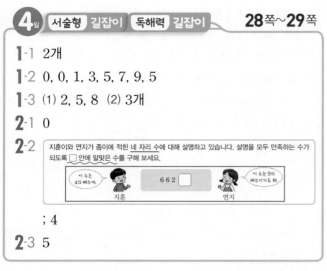

지훈이와 연지가 종이에 적힌 네 자리 수에 대해 설명하고 있습니다. 설명을 모두 만족하는 수가 되도록 ☐ 안에 알맞은 수를 구해 보세요.

; 4

2-3 5

1-1 5의 배수는 일의 자리 숫자가 0 또는 5이어야 하므로 ☐ 안에 들어갈 수 있는 숫자는 0과 5로 모두 2개입니다.

1-2 4의 배수인 두 자리 수 중에서 일의 자리 숫자가 6인 수는 $4×4=16$, $4×9=36$, $4×14=56$, $4×19=76$, $4×24=96$입니다.

1-3 3의 배수는 각 자리 숫자의 합이 3의 배수여야 합니다. 얼룩으로 가려진 부분을 ☐라 하면 34☐0의 각 자리 숫자의 합은 $3+4+☐+0=7+☐$이므로 $7+☐$가 3의 배수여야 합니다.

☐=2일 때 $7+2=9$, ☐=5일 때 $7+5=12$, ☐=8일 때 $7+8=15$로 3의 배수가 되므로 얼룩으로 가려진 자리에 들어갈 수 있는 숫자는 2, 5, 8로 모두 3개입니다.

2-1 745☐는 2의 배수이므로 일의 자리 숫자가 0, 2, 4, 6, 8 중 하나입니다.

745☐는 5의 배수이기도 하므로 일의 자리 숫자가 0 또는 5이어야 합니다.

따라서 공통인 수는 0이므로 설명을 모두 만족하는 ☐ 안에 알맞은 수는 0입니다.

2-2 662☐는 4의 배수이므로 2☐가 4의 배수여야 합니다. $4×5=20$, $4×6=24$, $4×7=28$이므로 ☐ 안에 들어갈 수 있는 수는 0, 4, 8입니다.

☐=0일 때, 6620의 각 자리 숫자의 합을 구하면 $6+6+2+0=14$이므로 9의 배수가 아닙니다.

☐=4일 때, 6624의 각 자리 숫자의 합을 구하면 $6+6+2+4=18$이므로 9의 배수입니다.

☐=8일 때, 6628의 각 자리 숫자의 합을 구하면 $6+6+2+8=22$이므로 9의 배수가 아닙니다.

따라서 ☐ 안에 알맞은 수는 4입니다.

2-3 4192☐는 5의 배수이므로 ☐ 안에 들어갈 수 있는 수는 0 또는 5입니다.

☐=0일 때, 41920의 각 자리 숫자의 합을 구하면 $4+1+9+2+0=16$이므로 3의 배수가 아닙니다.

☐=5일 때, 41925의 각 자리 숫자의 합을 구하면 $4+1+9+2+5=21$이므로 3의 배수입니다.

따라서 ☐ 안에 알맞은 수는 5입니다.

1 472, 724

2 아닙니다에 ◯표

3 4

4

2의 배수	3의 배수	4의 배수	5의 배수
246	246	600	5930
98	600	7084	600
5930	375		375
600			
7084			

5 (왼쪽부터) 24, 28, 36, 27

1 주어진 수 카드를 한 번씩 사용하여 만들 수 있는 세 자리 수는 247, 274, 427, 472, 724, 742입니다.

4의 배수 판정법을 이용하여 각 수의 오른쪽 끝 두 자리 수가 4의 배수인지 확인해 봅니다.

247 ➡ 47은 4의 배수가 아니므로 247은 4의 배수가 아닙니다.

274 ➡ 74는 4의 배수가 아니므로 274는 4의 배수가 아닙니다.

427 ➡ 27은 4의 배수가 아니므로 427은 4의 배수가 아닙니다.

472 ➡ 72는 4의 배수이므로 472는 4의 배수입니다.

724 ➡ 24는 4의 배수이므로 724는 4의 배수입니다.

742 ➡ 42는 4의 배수가 아니므로 742는 4의 배수가 아닙니다.

따라서 만들 수 있는 세 자리 수 중에서 4의 배수는 472, 724입니다.

2 941843의 각 자리 숫자의 합:

$9+4+1+8+4+3=29$

$29÷9=3…2$이므로 29는 9의 배수가 아닙니다.

따라서 941843은 9의 배수가 아닙니다.

3 6의 배수는 2의 배수이면서 3의 배수인 수, 즉 짝수이면서 각 자리 숫자의 합이 3의 배수인 수입니다.
1849205□는 짝수이므로 □ 안에는 0, 2, 4, 6, 8이 들어갈 수 있습니다.

□=0일 때, $1+8+4+9+2+0+5+0=29$는 3의 배수가 아닙니다.

□=2일 때, $1+8+4+9+2+0+5+2=31$은 3의 배수가 아닙니다.

□=4일 때, $1+8+4+9+2+0+5+4=33$은 3의 배수입니다.

□=6일 때, $1+8+4+9+2+0+5+6=35$는 3의 배수가 아닙니다.

□=8일 때, $1+8+4+9+2+0+5+8=37$은 3의 배수가 아닙니다.

따라서 □ 안에 알맞은 수는 4입니다.

4
• 2의 배수: 일의 자리 숫자가 0, 2, 4, 6, 8인 수
• 3의 배수: 각 자리 숫자의 합이 3의 배수인 수
• 4의 배수: 오른쪽 끝 두 자리 수가 00이거나 4의 배수인 수
• 5의 배수: 일의 자리 숫자가 0 또는 5인 수

5
• 24 ➡ 24는 3의 배수입니다. ➡ 24
• 25 ➡ 25는 3의 배수가 아닙니다. ➡ $25+3=28$ ➡ 28은 4의 배수입니다. ➡ 28
• 26 ➡ 26은 3의 배수가 아닙니다. ➡ $26+3=29$ ➡ 29는 4의 배수가 아닙니다. ➡ $29+7=36$ ➡ 36은 3의 배수입니다. ➡ 36
• 27 ➡ 27은 3의 배수입니다. ➡ 27

5일 개념·원리 길잡이   32쪽~33쪽

활동 문제 **32**쪽

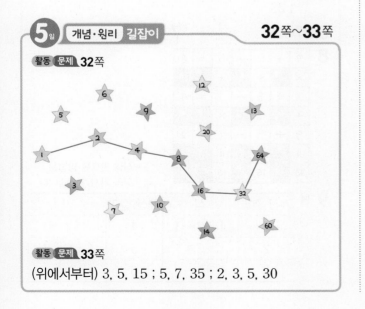

활동 문제 **33**쪽
(위에서부터) 3, 5, 15 ; 5, 7, 35 ; 2, 3, 5, 30

활동 문제 **32**쪽
두 수의 공약수는 두 수의 최대공약수의 약수와 같으므로 64의 약수를 구합니다. ➡ 64의 약수: 1, 2, 4, 8, 16, 32, 64

활동 문제 **33**쪽
가와 나를 각각 여러 수의 곱으로 나타낸 식에서 공통으로 들어 있는 곱을 찾습니다.

5일 서술형 길잡이 독해력 길잡이   34쪽~35쪽

1-1 14, 42   **1-2** (1) 2 (2) 7 (3) 56, 70

1-3 (1) 2, 2 (2) 60, 40

2-1 4, 12

2-2
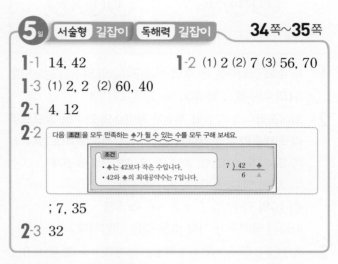
; 7, 35

2-3 32

1-1 ㉠=㉢×7=2×7=14,
㉡=㉢×21=2×21=42

1-2 (1) ㉣×4=8, ㉣×5=10이므로 ㉣=2입니다.
(2) ㉢×㉣=14이므로 ㉢×2=14, ㉢=7입니다.
(3) ★=㉢×8=7×8=56,
♥=㉢×10=7×10=70

1-3 ㉢) ㉠ ㉡   ㉣×15=30, ㉣×10=20이므로
   ㉣)30 20   ㉣=2입니다.
   5)15 10   20=2×2×5이고, 식에서 최대공약수가
     3 2   ㉢×2×5=20이므로 ㉢=2입니다.
따라서 ㉠=2×30=60, ㉡=2×20=40입니다.

2-2 최대공약수가 7이므로 6과 ▲는 1 이외의 공약수가 없고,
♣가 4보다 작으므로 ▲는 6보다 작습니다.
따라서 ▲가 될 수 있는 수는 1 또는 5입니다.
▲=1일 때 ♣=7×1=7이고,
▲=5일 때 ♣=7×5=35입니다.
따라서 ♣가 될 수 있는 수는 7과 35입니다.

2-3 24와 ◆의 최대공약수가 8이므로 3과 ■는 1 이외의 공약수가 없고, ◆가 24보다 크므로 ■는 3보다 큰 수입니다.
이때, ◆가 가장 작은 수가 되려면 ■도 가장 작은 수가 되어야 합니다. ■가 될 수 있는 가장 작은 수는 4이므로 ◆는 8×4=32입니다.

5일 사고력·코딩

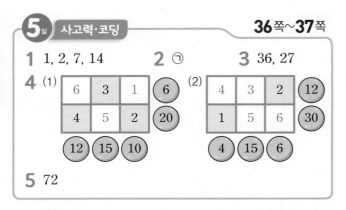

1 1, 2, 7, 14 **2** ㉠ **3** 36, 27

4 (1)

6	3	1	⑥
4	5	2	⑳

⑫ ⑮ ⑩

(2)

4	3	2	⑫
1	5	6	㉚

④ ⑮ ⑥

5 72

---

1 두 수의 공약수는 두 수의 최대공약수의 약수와 같으므로 34의 약수를 구합니다. ➡ 1, 2, 17, 34

2 최대공약수의 약수의 개수가 공약수의 개수와 같으므로 각 최대공약수의 약수를 구한 다음 개수를 비교합니다.
㉠ 24의 약수: 1, 2, 3, 4, 6, 8, 12, 24 ➡ 8개
㉡ 35의 약수: 1, 5, 7, 35 ➡ 4개
㉢ 16의 약수: 1, 2, 4, 8, 16 ➡ 5개
따라서 공약수가 가장 많은 것은 ㉠입니다.

3

```
㉢) ㉠  ㉡
  ㉣) 12  9
      4   3
```

• ㉣×4=12, ㉣×3=9 ➡ ㉣=3
• ㉢×㉣=9 ➡ ㉢×3=9, ㉢=3
➡ ㉠=3×12=36, ㉡=3×9=27

4 (1)

㉠	3	㉢	⑥
4	㉡	2	⑳

⑫ ⑮ ⑩

• 6의 약수는 1, 2, 3, 6인데 2와 3이 이미 쓰여져 있으므로 ㉠과 ㉢에는 1과 6이 들어가야 합니다. 따라서 ㉡에는 남은 수 5가 들어갑니다. ➡ ㉡=5
• ㉢은 10의 약수여야 하므로 6은 들어갈 수 없습니다. ➡ ㉢=1, ㉠=6

(2)

㉠	㉡	2	⑫
1	㉢	㉣	㉚

④ ⑮ ⑥

• 4의 약수는 1, 2, 4인데 1과 2가 이미 쓰여져 있으므로 ㉠=4입니다.
• 15의 약수는 1, 3, 5, 15이므로 ㉡과 ㉢에는 3과 5가 들어가야 합니다. 따라서 ㉣에는 남은 수 6이 들어가야 합니다. ➡ ㉣=6
• ㉡은 12의 약수여야 하므로 5가 들어갈 수 없습니다. ➡ ㉡=3, ㉢=5

5 90과 ♥의 최대공약수가 18(=2×3×3)이므로 5와 ■는 1 이외의 공약수가 없고, ♥가 90보다 작으므로 ■는 5보다 작은 수입니다. 이때, ♥가 가장 큰 수가 되려면 ■도 가장 큰 수가 되어야 합니다.
■가 될 수 있는 가장 큰 수는 4이므로
●=3×■=3×4=12, ★=3×●=3×12=36,
♥=2×★=2×36=72입니다.

1주 특강 창의·융합·코딩

1

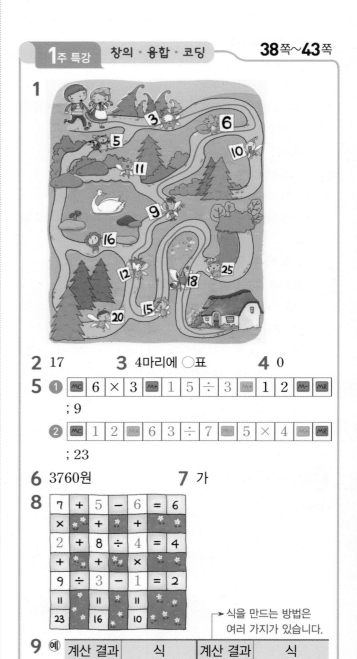

2 17 **3** 4마리에 ○표 **4** 0

5 ❶ | MC | 6 | × | 3 | M+ | 1 | 5 | ÷ | 3 | M- | 1 | 2 | M~ | MR |
; 9

❷ | MC | 1 | 2 | M+ | 6 | 3 | ÷ | 7 | M- | 5 | × | 4 | M+ | MR |
; 23

6 3760원 **7** 가

8

7	+	5	−	6	=	6
×	✿	+	✿	+	✿	
2	+	8	÷	4	=	4
+	✿	+	✿	×	✿	
9	÷	3	−	1	=	2
11		11		11		
23		16		10		

➔ 식을 만드는 방법은 여러 가지가 있습니다.

9 예

계산 결과	식	계산 결과	식
1	4−2−1	4	4×(2−1)
2	4−2×1	5	4+2−1
3	4+1−2	6	4+2×1

2 34부터 거꾸로 계산해 봅니다.

$34+5=39 \Rightarrow 39-8=31 \Rightarrow 31+2=33$

$\Rightarrow 33 \div 3=11 \Rightarrow 11 \times 2=22 \Rightarrow 22-9=13$

$\Rightarrow 13+7=20 \Rightarrow 20-3=17$

3 12와 20의 최대공약수를 구합니다.

$\begin{array}{r} 2\,)\underline{12 \quad 20} \\ 2\,)\underline{6 \quad 10} \\ 3 \quad 5 \end{array}$ ➡ 12와 20의 최대공약수: $2 \times 2=4$

4 어떤 수를 나누어떨어지게 하는 수를 그 수의 약수라고 하므로 25의 약수를 구하려면 ■=25일 때 ■÷▲의 나머지가 0인 ▲를 구해야 합니다.

6 (재료비)=((버섯 값)+(양파 값)+(당근 값)+(피망 값))×2

$=(200 \times 2+500+350+630) \times 2$

$=(400+500+350+630) \times 2$

$=1880 \times 2=3760(원)$

7 가: 16의 약수 ➡ 1, 2, 4, 8, 16

24의 약수 ➡ 1, 2, 3, 4, 6, 8, 12, 24

➡ 겹쳐지는 부분에 들어갈 수: 1, 2, 4, 8 ➡ 4개

나: 27의 약수 ➡ 1, 3, 9, 27

18의 약수 ➡ 1, 2, 3, 6, 9, 18

➡ 겹쳐지는 부분에 들어갈 수: 1, 3, 9 ➡ 3개

다: 12의 약수 ➡ 1, 2, 3, 4, 6, 12

21의 약수 ➡ 1, 3, 7, 21

➡ 겹쳐지는 부분에 들어갈 수: 1, 3 ➡ 2개

8

① $7 \times © + 9 = 23$에서 $7 \times © = 14$, $© = 2$입니다.

⑤ $2 + 8 \div ② = 4$에서 $8 \div ② = 2$, $② = 4$입니다.

⑥ $9 \div ⑩ - ⑪ = 2$에서 ⑩에는 남은 1, 3, 5, 6 중에서 1 또는 3이 들어갈 수 있습니다.

⑩=1인 경우: $9 \div 1 - ⑪ = 2$, $9 - ⑪ = 2$, $⑪ = 7$ 이므로 성립하지 않습니다.

⑩=3인 경우: $9 \div 3 - ⑪ = 2$, $3 - ⑪ = 2$, $⑪ = 1$ 이므로 ⑩=3, ⑪=1입니다.

② $⑦ + 8 + 3 = 16$에서 $⑦ + 11 = 16$, $⑦ = 5$입니다.

④ $7 + 5 - ⑧ = 6$에서 $12 - ⑧ = 6$, $⑧ = 6$입니다.

9 예) $4 \div 2 \times 1 = 2$, $4 - (2-1) = 3$, $4 \div 2 + 1 = 3$ 등

누구나 100점 TEST **44쪽~45쪽**

1 96

2 [3][+][5][6][÷][7] ; 11

3 +, −, +   **4** 18

5 21   **6** (왼쪽부터) 16, 33, 8

7 2   **8** 0

9 30, 75

1 $20 \star 5 = 20 \times 5 - 20 \div 5 = 100 - 4 = 96$

2 $3 + 56 \div 7 = 3 + 8 = 11$

3 $8 + 6 + 4 + 2 = 20$이고, $20 - 12 = 8$, $8 \div 2 = 4$이므로 4 앞에 −를 써넣고, 나머지는 +를 써넣습니다.

4 계산 결과를 가장 크게 만들려면 54를 나누는 수가 가장 작아야 합니다.

➡ $54 \div (2 \times 3) + 9 = 54 \div 6 + 9 = 9 + 9 = 18$

5 계산 순서를 거꾸로 하여 ☐ 안에 알맞은 수를 구합니다.

$(☐ - 6) \times 3 - 19 = 26$

➡ $(☐ - 6) \times 3 = 26 + 19$, $(☐ - 6) \times 3 = 45$,

☐$- 6 = 45 \div 3$, ☐$- 6 = 15$, ☐$= 15 + 6$,

☐$= 21$

6 • $20 - 6 \times 2 = 20 - 12 = 8$

• $35 - 6 \div 3 = 35 - 2 = 33$

• $24 \times 2 \div 3 = 48 \div 3 = 16$

7 9의 배수이면 각 자리 숫자의 합이 9의 배수여야 합니다.

각 자리 숫자의 합 $2 + 6 + 8 + ☐ = 16 + ☐$가 9의 배수여야 하고 ☐ 안에는 0부터 9까지의 숫자가 들어갈 수 있으므로 $16 + ☐$가 9의 배수인 경우는 $16 + ☐ = 18$, ☐$= 2$인 경우입니다.

8 • 2의 배수는 일의 자리 숫자가 짝수이어야 하므로 ☐ 안에 들어갈 수 있는 숫자는 0, 2, 4, 6, 8입니다.

• 5의 배수는 일의 자리 숫자가 0 또는 5이어야 하므로 ☐ 안에 들어갈 수 있는 숫자는 0, 5입니다.

따라서 공통인 수는 0이므로 ☐ 안에 알맞은 수는 0 입니다.

9 $② \times 2 = 10$, $② \times 5 = 25$이므로 $② = 5$입니다.

$© \times ②$은 ①과 ⓒ의 최대공약수이므로

$© \times ② = © \times 5 = 15$에서 $© = 3$입니다.

따라서 $① = © \times 10 = 3 \times 10 = 30$,

$ⓒ = © \times 25 = 3 \times 25 = 75$입니다.

정답
및
해설

2주

이번 주에는 무엇을 공부할까? ❷   48쪽~49쪽

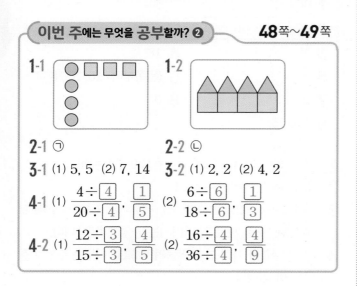

2-1 ㉠

2-2 ㉡

3-1 (1) 5, 5 (2) 7, 14

3-2 (1) 2, 2 (2) 4, 2

4-1 (1) $\dfrac{4 \div \boxed{4}}{20 \div \boxed{4}}$, $\dfrac{\boxed{1}}{5}$ (2) $\dfrac{6 \div \boxed{6}}{18 \div \boxed{6}}$, $\dfrac{\boxed{1}}{3}$

4-2 (1) $\dfrac{12 \div \boxed{3}}{15 \div \boxed{3}}$, $\dfrac{\boxed{4}}{5}$ (2) $\dfrac{16 \div \boxed{4}}{36 \div \boxed{4}}$, $\dfrac{\boxed{4}}{9}$

1일 개념·원리 길잡이   50쪽~51쪽

활동 문제 50쪽

활동 문제 51쪽

❶ 오전 11시 ❷ 오후 2시

활동 문제 50쪽

두 사람이 도서관을 동시에 가는 날은 ○표와 △표가 동시에 된 날입니다.

활동 문제 51쪽

❶ 대전행 버스는 30분마다, 대구행 버스는 40분마다 출발합니다. 30과 40의 최소공배수는 120이므로 바로 다음번에 두 버스가 동시에 출발하는 시각은 오전 9시부터 120분이 지난 오전 11시입니다.

❷ 청주행 버스는 50분마다, 광주행 버스는 60분마다 출발합니다. 50과 60의 최소공배수는 300이므로 바로 다음번에 두 버스가 동시에 출발하는 시각은 오전 9시부터 300분이 지난 오후 2시입니다.

1일 서술형 길잡이 독해력 길잡이   52쪽~53쪽

1-1 오전 9시, 오전 9시 20분, 오전 9시 40분, 오전 10시

1-2 (1) 24 (2) 24분 (3) 10, 24, 24, 48

2-1 20일 후

2-2 형우는 9일마다, 만기는 12일마다, 진우는 18일마다 수영장에 갑니다. 오늘 세 사람이 수영장에 갔다면 바로 다음번에 세 사람이 동시에 수영장에 가는 날은 오늘로부터 며칠 후인지 구해 보세요.

; 36일 후

2-3 30일 후

1-1 10과 20의 최소공배수는 20이므로 20분마다 동시에 도착합니다. 따라서 오전 9시부터 오전 10시까지 두 버스가 동시에 도착하는 시각은 오전 9시, 오전 9시 20분, 오전 9시 40분, 오전 10시입니다.

1-2 (1) $4 \overline{)\,8 \quad 12}$ → 최소공배수: $4 \times 2 \times 3 = 24$
$\ 2 \quad\ 3$

2-1 2와 4와 최소공배수는 4이고, 4와 10의 최소공배수는 20이므로 바로 다음번에 세 사람이 동시에 도서관에 가는 날은 오늘로부터 20일 후입니다.

2-2 9와 12의 최소공배수는 36이고, 36과 18의 최소공배수는 36이므로 바로 다음번에 세 사람이 동시에 수영장에 가는 날은 오늘로부터 36일 후입니다.

2-3 2와 3의 최소공배수는 6이고, 6과 5의 최소공배수는 30이므로 지수가 바로 다음번에 세 군데를 모두 가는 날은 오늘로부터 30일 후입니다.

1일 사고력·코딩   54쪽~55쪽

1 (위에서부터) 72, 18, 24

2 오전 11시 30분   **3** 3번

4 80   **5** 393

1
$3 \overline{)\,6 \quad 9}$ → 최소공배수: $3 \times 2 \times 3 = 18$
$\ 2 \quad 3$

$2 \overline{)\,8 \quad 12}$
$2 \overline{)\,4 \quad 6}$ → 최소공배수: $2 \times 2 \times 2 \times 3 = 24$
$\ 2 \quad 3$

$2 \overline{)\,18 \quad 24}$
$3 \overline{)\,9 \quad 12}$ → 최소공배수: $2 \times 3 \times 3 \times 4 = 72$
$\ 3 \quad\ 4$

2 전주행 버스는 25분마다 출발하고 부산행 버스는 30분마다 출발합니다. 따라서 바로 다음번에 두 버스가 동시에 출발하는 시각은 오전 9시에서 150분(=2시간 30분) 후인 오전 11시 30분입니다.

3 2, 3의 최소공배수는 6이고 6과 4의 최소공배수는 12입니다.
세 사람은 12일마다 같은 날에 수영장을 가므로 8월 1일, 8월 13일, 8월 25일에 모두 수영장을 갑니다.
따라서 8월 한 달 동안 같은 날에 수영장을 가는 날은 모두 3번입니다.

4
$$\begin{array}{r} 2\,)\underline{8\quad 20} \\ 2\,)\underline{4\quad 10} \\ 2\quad 5 \end{array}$$
최소공배수: $2\times2\times2\times5=40$
➡ $8\blacktriangle20=40$

$$\begin{array}{r} 2\,)\underline{40\quad 16} \\ 2\,)\underline{20\quad 8} \\ 2\,)\underline{10\quad 4} \\ 5\quad 2 \end{array}$$
최소공배수: $2\times2\times2\times5\times2=80$
➡ $40\blacktriangle16=80$

5 □는 7로 나누어도 1이 남고, 8로 나누어도 1이 남으므로 □−1을 7과 8로 나누었을 때 나누어떨어집니다. 따라서 □−1은 7과 8의 공배수입니다.
7과 8의 공배수를 써 보면 56, 112, 168, 224, 280, 336, 392, 448……이므로 400에 가까운 수는 392 또는 448입니다.
□−1이 392이면 □는 393이고, □−1이 448이면 □는 449이므로 400에 가장 가까운 수는 393입니다.

2일 개념·원리 길잡이 **56쪽~57쪽**

활동 문제 56쪽

❶ GOOD CHILD ❷ BLACK HOLE

활동 문제 57쪽

기존	A	B	C	D	E	F	G	H	I	J	K	L	M
암호	E	F	G	H	I	J	K	L	M	N	O	P	Q

기존	N	O	P	Q	R	S	T	U	V	W	X	Y	Z
암호	R	S	T	U	V	W	X	Y	Z	A	B	C	D

활동 문제 57쪽

알파벳을 순서대로 썼을 때 기존 알파벳에서 오른쪽으로 네 번째에 오는 알파벳을 암호로 정했습니다.

2일 서술형 길잡이 독해력 길잡이 **58쪽~59쪽**

1-1 APPLE

1-2 (1)

기존	E	F	G	H	I	J	K	L	M	N
암호	F	G	H	I	J	K	L	M	N	O

(2) KING

1-3 (1)

기존	E	F	G	H	I	J	K	L	M	N
암호	C	D	E	F	G	H	I	J	K	L

(2) FEMALE

2-1 5개

2-2

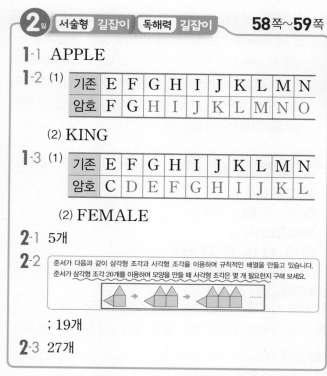
준서가 다음과 같이 삼각형 조각과 사각형 조각을 이용하여 규칙적인 배열을 만들고 있습니다. 준서가 삼각형 조각 20개를 이용하여 모양을 만들 때 사각형 조각은 몇 개 필요한지 구해 보세요.

; 19개

2-3 27개

2-1 사각형 조각이 1개씩 늘어날 때마다 삼각형 조각이 2개씩 늘어나므로 삼각형 조각이 10개일 때 필요한 사각형 조각은 $10\div2=5$(개)입니다.

2-2 삼각형 조각의 수가 사각형 조각의 수보다 항상 1개 많으므로 삼각형 조각이 20개일 때 필요한 사각형 조각은 $20-1=19$(개)입니다.

2-3 사각형 조각의 수가 원 조각의 수보다 항상 2개 더 많으므로 사각형 조각이 25개일 때 필요한 원 조각은 $25+2=27$(개)입니다.

2일 사고력·코딩 **60쪽~61쪽**

1 (1) 3 ; 3 ; 3, 3 (2) 19개
2 천재   **3** 20번
4 가운데 상자에 ○표

1 (1) 처음에 정사각형 1개를 만드는 데 필요한 성냥개비는 4개이고 정사각형이 1개씩 늘어날 때마다 성냥개비가 3개씩 늘어납니다.
(2) $4+3\times5=4+15=19$(개)

2 암호 표의 암호 문자에 대응하는 기존 문자를 찾으면
ㅊ ㅓ ㄴ ㅈ ㅏ ㅣ ➡ 천재입니다.

3 도막의 수가 자르는 횟수보다 1만큼 더 큽니다.
따라서 밧줄을 21도막으로 자르려면 $21-1=20$(번) 잘라야 합니다.

4 알파벳을 순서대로 썼을 때 기존 알파벳에서 오른쪽으로 세 번째에 오는 알파벳을 암호로 정한 것입니다.
암호를 해독하면 W ➡ T, Z ➡ W, R ➡ O이므로 TWO입니다. 따라서 ②번을 선택하여 사다리를 타고 내려가면 가운데 상자에 도착하므로 보물이 들어 있는 상자는 가운데 상자입니다.

3일 개념·원리 길잡이　　62쪽~63쪽

활동 문제 62쪽
❶ ●×2　❷ ●+3
활동 문제 63쪽
❶ 13　❷ 16　❸ 32　❹ 5

활동 문제 62쪽
❶ 요술 상자에서 나온 수는 넣은 수의 2배입니다.
❷ 요술 상자에서 나온 수는 넣은 수에 3을 더한 수입니다.

활동 문제 63쪽
❶ 8+5=㉠ ➡ ㉠=13
❷ ㉡+5=21 ➡ ㉡=21-5=16
❸ 8×4=㉢ ➡ ㉢=32
❹ ㉣×4=20 ➡ ㉣=20÷4=5

3일 서술형 길잡이　독해력 길잡이　64쪽~65쪽

1-1 5개
1-2 (1) □+2=△ 또는 △-2=□　(2) 7개
2-1 1개
2-2 어느 식당에서 식탁 1개에 의자를 2개씩 놓으려고 합니다. 이 식당에 식탁 7개와 의자 19개가 있다면 모든 식탁에 의자를 놓았을 때 남는 의자는 몇 개인지 구해 보세요.
; 5개
2-3 4개

1-1 (파란색 공의 수)÷2=(빨간색 공의 수)이므로 파란색 공이 10개일 때 빨간색 공은 10÷2=5(개)입니다.
1-2 (2) □+2=△이므로 □=5일 때 5+2=△, △=7 입니다. 따라서 파란색 공 5개를 넣으면 빨간색 공이 7개 나옵니다.
2-1 식탁의 수가 1개 늘어날 때마다 의자의 수는 4개씩 늘어나므로 의자의 수는 식탁의 수의 4배입니다. 따라서 식탁 8개에 놓는 의자는 8×4=32(개)이므로 놓고 남는 의자는 33-32=1(개)입니다.
2-2 식탁의 수가 1개 늘어날 때마다 의자의 수는 2개씩 늘어나므로 의자의 수는 식탁의 수의 2배입니다.

따라서 식탁 7개에 놓는 의자는 7×2=14(개)이므로 놓고 남는 의자는 19-14=5(개)입니다.
2-3 상자에 담는 사탕의 수는 상자의 수의 6배입니다. 따라서 6상자에 담는 사탕은 6×6=36(개)이므로 남는 사탕은 40-36=4(개)입니다.

3일 사고력·코딩　　66쪽~67쪽

1 14, 28　　　2 10개
3 23　　　　4 24

1 ◇에서 나온 수는 들어간 수보다 2만큼 작으므로 16이 들어가면 16보다 2만큼 더 작은 수인 14가 나옵니다.
◯에서 나온 수는 들어간 수의 2배이므로 14가 들어가면 14×2=28이 나옵니다.
2 놓아야 하는 의자의 수는 식탁의 수의 4배이므로 식탁을 9개 놓으려면 의자는 9×4=36(개)가 필요합니다. 따라서 더 필요한 의자는 36-26=10(개)입니다.
3 요술 상자에 들어간 수보다 3만큼 더 큰 수가 나온다. 들어간 숫자를 □, 나온 숫자를 △라 하고 두 양 사이의 대응 관계를 식으로 나타내면 □+3=△입니다.
➡ 20+3=23
4 참새의 다리 수는 2개입니다. ➡ 2×3=6
개미의 다리 수는 6개입니다. ➡ 6×3=18
요술 상자에서 나온 수는 들어간 동물의 다리 수의 3배입니다.
거미의 다리 수는 8개이므로 빈 곳에 알맞은 수는 8×3=24입니다.

4일 개념·원리 길잡이　　68쪽~69쪽

활동 문제 68쪽
(예) $\frac{4}{10}$, $\frac{6}{15}$, $\frac{8}{20}$
활동 문제 69쪽
(예) $\frac{40}{72}$, $\frac{35}{63}$, $\frac{30}{54}$

활동 문제 68쪽
같은 열에서 2행의 수를 분자, 5행의 수를 분모로 하는 분수를 3개 만듭니다.
$\frac{2}{5}=\frac{4}{10}=\frac{6}{15}=\frac{8}{20}=\frac{10}{25}=\frac{12}{30}=\frac{14}{35}=\frac{16}{40}=\frac{18}{45}$

활동 문제 69쪽

5행과 9행을 이용하여 $\dfrac{45}{81}$와 크기가 같은 분수를 3개 만듭니다.

$$\dfrac{45}{81}=\dfrac{40}{72}=\dfrac{35}{63}=\dfrac{30}{54}=\dfrac{25}{45}=\dfrac{20}{36}=\dfrac{15}{27}=\dfrac{10}{18}=\dfrac{5}{9}$$

4일 | 서술형 길잡이 | 독해력 길잡이 | 70쪽~71쪽

1-1 24, 42

1-2 (1) 1행, 3행 (2) $\dfrac{18}{30}$, $\dfrac{21}{35}$, $\dfrac{24}{40}$

1-3 (1) 1행, 4행 (2) $\dfrac{10}{16}$, $\dfrac{20}{32}$

2-1 현우, 지우

2-2 선우, 민희, 다애가 분수를 하나씩 만들었습니다. 세 사람 중 두 사람이 만든 분수의 크기가 같을 때, 크기가 같은 분수를 만든 두 사람을 찾아 이름을 써 보세요.

; 선우, 민희

2-3 $\dfrac{20}{70}$에 ×표

1-1 $\dfrac{12}{14}=\dfrac{18}{21}=\dfrac{24}{28}=\dfrac{30}{35}=\dfrac{36}{42}$

1-2 (1) 15가 1행, 25가 3행에 있으므로 1행과 3행을 이용해야 합니다.

1-3 (2) 곱셈표의 1행과 4행을 이용하면 $\dfrac{15}{24}$와 크기가 같은 분수는 $\dfrac{10}{16}$, $\dfrac{20}{32}$입니다.

2-1 현우: $\dfrac{3}{8}$, 영희: $\dfrac{15\div3}{24\div3}=\dfrac{5}{8}$, 지우: $\dfrac{12\div4}{32\div4}=\dfrac{3}{8}$

➡ 크기가 같은 분수를 만든 두 사람은 현우와 지우입니다.

2-2 선우: $\dfrac{2}{3}$, 민희: $\dfrac{10\div5}{15\div5}=\dfrac{2}{3}$, 다애: $\dfrac{18\div6}{24\div6}=\dfrac{3}{4}$

➡ 크기가 같은 분수를 만든 두 사람은 선우와 민희입니다.

2-3 $\dfrac{24\div8}{56\div8}=\dfrac{3}{7}$, $\dfrac{20\div10}{70\div10}=\dfrac{2}{7}$이므로 크기가 같지 않은 분수는 $\dfrac{20}{70}$입니다.

4일 | 사고력·코딩 | 72쪽~73쪽

1 (1) $\dfrac{4}{16}$ (2) $\dfrac{8}{24}$

2 10, 18, 21

3 3조각

4 $\dfrac{9}{12}$, $\dfrac{12}{16}$

---

1 (1) $\dfrac{16\div2}{64\div2}=\dfrac{8}{32}$, $\dfrac{8\div2}{32\div2}=\dfrac{4}{16}$

(2) $\dfrac{1\times2}{3\times2}=\dfrac{2}{6}$, $\dfrac{2\times2}{6\times2}=\dfrac{4}{12}$, $\dfrac{4\times2}{12\times2}=\dfrac{8}{24}$

2 1행과 2행을 이용하여 크기가 같은 분수를 만듭니다.

3 $\dfrac{15}{24}$의 분모와 분자를 3으로 나누면 $\dfrac{5}{8}$입니다. 피자 한 판은 8조각이므로 한 사람이 5조각씩 남겨야 합니다. 따라서 한 사람이 $8-5=3$(조각)씩 먹어야 합니다.

4 $\dfrac{3}{4}$과 크기가 같은 분수를 분모가 작은 순서대로 나열하면 $\dfrac{6}{8}$, $\dfrac{9}{12}$, $\dfrac{12}{16}$, $\dfrac{15}{20}$, $\dfrac{18}{24}$……입니다. 분모와 분자를 각각 더해 보면 14, 21, 28, 35, 42……이므로 조건을 만족하는 분수는 $\dfrac{9}{12}$, $\dfrac{12}{16}$입니다.

5일 | 개념·원리 길잡이 | 74쪽~75쪽

활동 문제 74쪽

$\dfrac{6}{18}$, $\dfrac{2}{6}$, $\dfrac{3}{9}$에 ○표

활동 문제 75쪽

$\dfrac{18}{24}$, $\dfrac{6}{8}$, $\dfrac{12}{16}$, $\dfrac{3}{4}$, $\dfrac{9}{12}$에 ○표

활동 문제 74쪽

$\dfrac{6\div6}{18\div6}=\dfrac{1}{3}$, $\dfrac{16\div4}{20\div4}=\dfrac{4}{5}$, $\dfrac{2\div2}{6\div2}=\dfrac{1}{3}$, $\dfrac{3\div3}{9\div3}=\dfrac{1}{3}$,

$\dfrac{12\div3}{15\div3}=\dfrac{4}{5}$, $\dfrac{6\div6}{12\div6}=\dfrac{1}{2}$

활동 문제 75쪽

· $\dfrac{36\div2}{48\div2}=\dfrac{18}{24}$, $\dfrac{18\div2}{24\div2}=\dfrac{9}{12}$, $\dfrac{9\div3}{12\div3}=\dfrac{3}{4}$

· $\dfrac{36\div3}{48\div3}=\dfrac{12}{16}$, $\dfrac{12\div2}{16\div2}=\dfrac{6}{8}$, $\dfrac{6\div2}{8\div2}=\dfrac{3}{4}$

5일 | 서술형 길잡이 | 독해력 길잡이 | 76쪽~77쪽

1-1 $\dfrac{6}{10}$ **1**-2 (1) 3 (2) $\dfrac{6}{15}$

1-3 (1) 6, 7 (2) $\dfrac{6}{24}$, $\dfrac{7}{28}$

2-1 4

2-2 어떤 분수의 분모와 분자를 2로 나누어 약분했더니 $\dfrac{15}{21}$가 되었습니다. 어떤 분수를 약분하여 기약분수로 나타내기 위해서는 분모와 분자를 몇으로 나누어야 하는지 구해 보세요.

; 6

2-3 12

1-1 $5 \times 2 = 10$, $5 \times 3 = 15 \cdots \cdots$이므로 분모가 12보다 작으려면 분모와 분자에 2를 곱해야 합니다.

$$\Rightarrow \frac{3 \times 2}{5 \times 2} = \frac{6}{10}$$

1-2 (1) $5 \times 2 = 10$, $5 \times 3 = 15$, $5 \times 4 = 20 \cdots \cdots$이므로 분모가 10보다 크고 20보다 작으려면 3을 곱해야 합니다.

(2) $\frac{2 \times 3}{5 \times 3} = \frac{6}{15}$

1-3 (1) $4 \times 5 = 20$, $4 \times 6 = 24$, $4 \times 7 = 28$, $4 \times 8 = 32$ $\cdots \cdots$이므로 분모가 20보다 크고 30보다 작으려면 6, 7을 곱해야 합니다.

(2) $\frac{1 \times 6}{4 \times 6} = \frac{6}{24}$, $\frac{1 \times 7}{4 \times 7} = \frac{7}{28}$

2-1 $\frac{18}{32}$을 2로 나누어 약분하면 $\frac{9}{16}$가 되고 기약분수입니다.

따라서 어떤 분수를 약분하여 기약분수로 나타내기 위해서는 분모와 분자를 $2 \times 2 = 4$로 나누어야 합니다.

2-2 $\frac{15}{21}$의 분모와 분자를 3으로 나누어 약분하면 $\frac{5}{7}$가 되고 $\frac{5}{7}$는 기약분수입니다.

따라서 어떤 분수를 약분하여 기약분수로 나타내기 위해서는 분모와 분자를 $3 \times 2 = 6$으로 나누어야 합니다.

2-3 $\frac{20}{24}$의 분모와 분자를 4로 나누어 약분하면 $\frac{5}{6}$가 되고 $\frac{5}{6}$는 기약분수입니다.

따라서 어떤 분수를 약분하여 기약분수로 나타내기 위해서는 분모와 분자를 $4 \times 3 = 12$로 나누어야 합니다.

어떤 분수의 분모와 분자에 7을 더했더니 $\frac{16}{24}$이 되었으므로 어떤 분수는 $\frac{16-7}{24-7} = \frac{9}{17}$입니다.

2 $\frac{1}{4}$의 분모와 분자에 0이 아닌 같은 수를 곱하여 크기가 같은 분수를 만들면 $\frac{2}{8}$, $\frac{3}{12}$, $\frac{4}{16}$, $\frac{5}{20}$, $\frac{6}{24}$ $\cdots \cdots$입니다. 이 중 분모와 분자의 차가 15인 분수는 $\frac{5}{20}$입니다.

3 (세로)÷(가로)$= \frac{(세로)}{(가로)}$이므로 세로를 가로로 나눈 분수는 $\frac{(세로)}{45}$이고, $\frac{(세로)}{45}$를 약분하면 $\frac{4}{5}$입니다.

$5 \times 9 = 45$이므로 $\frac{4}{5}$의 분모와 분자에 9를 곱하면 $\frac{36}{45}$입니다.

따라서 직사각형의 가로가 45 cm, 세로가 36 cm이므로 이 직사각형의 네 변의 길이의 합은 $45 + 36 + 45 + 36 = 162$ (cm)입니다.

4 $\frac{7}{28}$의 분모와 분자를 7로 나누어 약분하면 $\frac{1}{4}$이 됩니다. 어떤 분수의 분모와 분자를 28로 나누어 약분하면 $\frac{1}{4}$이 되므로 $\frac{1}{4}$의 분모와 분자에 28을 곱하면 어떤 분수를 구할 수 있습니다 $\Rightarrow \frac{1 \times 28}{4 \times 28} = \frac{28}{112}$입니다.

5 만들 수 있는 진분수는 $\frac{2}{3}$, $\frac{2}{6}$, $\frac{3}{6}$입니다. 이 중에서 분모와 분자의 공약수가 1뿐인 분수는 $\frac{2}{3}$뿐이므로 기약분수는 $\frac{2}{3}$입니다. $\frac{2}{6}$는 2로 나누어 약분할 수 있고, $\frac{3}{6}$은 3으로 나누어 약분할 수 있으므로 기약분수가 아닙니다.

6 각각의 분수를 약분하여 기약분수를 만든 후 분모와 분자를 더해 봅니다.

$\frac{11}{44} = \frac{11 \div 11}{44 \div 11} = \frac{1}{4}$ ➡ $4 + 1 = 5$

$\frac{55}{110} = \frac{55 \div 55}{110 \div 55} = \frac{1}{2}$ ➡ $2 + 1 = 3$

$\frac{39}{52} = \frac{13 \div 13}{52 \div 13} = \frac{3}{4}$ ➡ $4 + 3 = 7$

$7 > 5 > 3$이므로 기약분수를 만들었을 때 분모와 분자의 합이 가장 큰 분수는 $\frac{39}{52}$입니다.

5월 사고력·코딩 78쪽~79쪽

1 $\frac{9}{17}$, $\frac{16}{24}$	**2** $\frac{5}{20}$
3 162 cm	**4** $\frac{28}{112}$, $\frac{1}{4}$
5 1개	**6** $\frac{39}{52}$

1 8로 나누어 약분한 분수가 $\frac{2}{3}$이므로 약분하기 전의 분수는 $\frac{2 \times 8}{3 \times 8} = \frac{16}{24}$입니다.

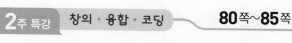

2주 특강 창의·융합·코딩 **80**쪽~**85**쪽

1

2 (위에서부터) 9, 8, 7, 6 ; 5, 4, 3, 2, 1 ;
♤＋5＝♡ (또는 ♡－5＝♤)

3 $\dfrac{5}{18}$　　　　　**4** $\dfrac{18}{21}$

5
> 해독
>
> 준희야
> 나도 유하 좋아해
>
> 　　　　　　라이벌 규현

6 60년　　　　**7** 36째 자리

8 1시간　　　　**9** 10시간

10 오후 4시

3 재훈이가 색종이를 붙인 부분은 종이 전체를 72칸으로 나눈 것 중의 20칸이므로 전체의 $\dfrac{20}{72}$입니다.
따라서 기약분수로 나타내면 $\dfrac{20÷4}{72÷4}=\dfrac{5}{18}$입니다.

4
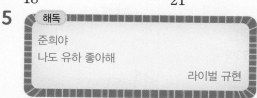
$\dfrac{12}{15}$ ➡ $:\dfrac{12×2}{15×2}=\dfrac{24}{30}$　　$\dfrac{24}{30}$ ⬇ $:\dfrac{24＋3}{30＋3}=\dfrac{27}{33}$

$\dfrac{27}{33}$ ⬅ $:\dfrac{27÷3}{33÷3}=\dfrac{9}{11}$　　$\dfrac{9}{11}$ ⬇ $:\dfrac{9＋3}{11＋3}=\dfrac{12}{14}$

$\dfrac{12}{14}$ ⬅ $:\dfrac{12÷2}{14÷2}=\dfrac{6}{7}$　　$\dfrac{6}{7}$ ⬆ $:\dfrac{6×3}{7×3}=\dfrac{18}{21}$

6 십간은 10년마다 반복되고, 십이지는 12년마다 반복되므로 올해년은 10과 12의 최소공배수마다 반복됩니다. 따라서 올해년은 60년마다 반복됩니다.

7 지혜는 3의 배수의 자리마다, 은수는 4의 배수의 자리마다 검은색 바둑돌을 놓고 있습니다. 3과 4의 최소공배수인 12의 배수의 자리마다 같이 검은색 바둑돌을 놓으므로 두 사람이 세 번째로 같은 자리에 검은색 바둑돌을 놓는 경우는 12, 24, 36……에서 36째 자리입니다.

8 런던이 오전 9시일 때 파리는 오전 10시이므로 파리의 시각이 1시간 빠릅니다.

9 런던이 오전 9시일 때 시드니는 오후 7시이므로 시드니의 시각이 10시간 빠릅니다.

10 런던이 오후 6시일 때 시드니는
오전 6시＋10시간＝오후 4시입니다.

누구나 100점 TEST **86**쪽~**87**쪽

1 12일 후　　　　**2** SCHOOL

3 □×2＝△ (또는 △÷2＝□)

4 30

5 예 $\dfrac{24}{28}$, $\dfrac{30}{35}$, $\dfrac{36}{42}$　　**6** 예 $\dfrac{16}{24}$, $\dfrac{20}{30}$, $\dfrac{24}{36}$

7 예 $\dfrac{12}{15}$, $\dfrac{16}{20}$, $\dfrac{20}{25}$　　**8** $\dfrac{6}{9}$

2 알파벳을 순서대로 썼을 때 기존 알파벳 바로 다음에 오는 알파벳을 암호로 정했습니다.
암호 문자를 기존 문자로 바꾸어 해독하면
TDIPPM ➡ SCHOOL입니다.

3 나온 수가 넣은 수의 2배인 규칙입니다. 두 양 사이의 대응 관계를 식으로 나타내면 □×2＝△ 또는 △÷2＝□입니다.

4 15×2＝30

5 곱셈표의 3행과 4행을 이용하면 $\dfrac{18}{21}$과 크기가 같은 분수를 만들 수 있습니다.

6 곱셈표의 1행과 3행을 이용하면 $\dfrac{12}{18}$와 크기가 같은 분수를 만들 수 있습니다.

7 곱셈표의 1행과 2행을 이용하면 $\dfrac{24}{30}$와 크기가 같은 분수를 만들 수 있습니다.

8 분모와 분자에 0이 아닌 같은 수를 곱하여 크기가 같은 분수를 만들어 보면 $\dfrac{4}{6}$, $\dfrac{6}{9}$, $\dfrac{8}{12}$……이고, 이 중 분모가 7보다 크고 10보다 작은 분수를 찾으면 $\dfrac{6}{9}$입니다.

3주

이번 주에는 무엇을 공부할까? ❷

1-1 (1) 16, 9　(2) 9, 12　　**1-2** (1) 9, 2　(2) 5, 6

2-1 (1) <　(2) <　　　　**2-2** (1) >　(2) >

3-1 4, 5　　　　　　　**3-2** (1) $\dfrac{31}{36}$　(2) $1\dfrac{3}{4}$

4-1 2, 1　　　　　　　**4-2** (1) $\dfrac{7}{18}$　(2) $1\dfrac{1}{4}$

1-1 (1) 분모의 곱인 24를 공통분모로 하여 통분합니다.
　　(2) 분모의 곱인 54를 공통분모로 하여 통분합니다.

1-2 (1) 분모의 최소공배수인 12를 공통분모로 하여 통분합니다.
　　(2) 분모의 최소공배수인 20을 공통분모로 하여 통분합니다.

2-1 (1) $\dfrac{3}{10}$과 $\dfrac{7}{20}$을 통분하면 $\dfrac{6}{20}$과 $\dfrac{7}{20}$이므로

$\dfrac{3}{10} < \dfrac{7}{20}$입니다.

(2) $\dfrac{2}{3}$와 $\dfrac{3}{4}$을 통분하면 $\dfrac{8}{12}$과 $\dfrac{9}{12}$이므로

$\dfrac{2}{3} < \dfrac{3}{4}$입니다.

2-2 (1) 0.7을 분수로 바꾸면 $\dfrac{7}{10}$입니다.

$\dfrac{4}{5}$와 $\dfrac{7}{10}$을 통분하면 $\dfrac{8}{10}$과 $\dfrac{7}{10}$이므로

$\dfrac{4}{5} > 0.7$입니다.

(2) 0.4를 분수로 바꾸면 $\dfrac{4}{10}$입니다.

$\dfrac{4}{10}$와 $\dfrac{2}{7}$를 통분하면 $\dfrac{28}{70}$과 $\dfrac{20}{70}$이므로

$0.4 > \dfrac{2}{7}$입니다.

3-1 4칸과 1칸을 더하면 5칸입니다.

3-2 (1) $\dfrac{4}{9} + \dfrac{5}{12} = \dfrac{16}{36} + \dfrac{15}{36} = \dfrac{31}{36}$

(2) $1\dfrac{1}{2} + \dfrac{1}{4} = 1 + \left(\dfrac{2}{4} + \dfrac{1}{4}\right) = 1 + \dfrac{3}{4} = 1\dfrac{3}{4}$

4-1 3칸에서 2칸을 빼면 1칸입니다.

4-2 (1) $\dfrac{5}{9} - \dfrac{1}{6} = \dfrac{10}{18} - \dfrac{3}{18} = \dfrac{7}{18}$

(2) $2\dfrac{1}{2} - 1\dfrac{1}{4} = (2-1) + \left(\dfrac{2}{4} - \dfrac{1}{4}\right)$

$= 1 + \dfrac{1}{4} = 1\dfrac{1}{4}$

1일 개념·원리 길잡이

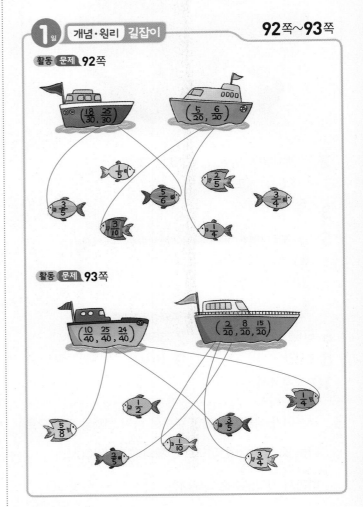

활동 문제 92쪽

활동 문제 93쪽

활동 문제 92쪽

· $\dfrac{18 \div 6}{30 \div 6} = \dfrac{3}{5}$, $\dfrac{25 \div 5}{30 \div 5} = \dfrac{5}{6}$

· $\dfrac{5 \div 5}{20 \div 5} = \dfrac{1}{4}$, $\dfrac{6 \div 2}{20 \div 2} = \dfrac{3}{10}$

활동 문제 93쪽

· $\dfrac{10 \div 10}{40 \div 10} = \dfrac{1}{4}$, $\dfrac{25 \div 5}{40 \div 5} = \dfrac{5}{8}$, $\dfrac{24 \div 8}{40 \div 8} = \dfrac{3}{5}$

· $\dfrac{2 \div 2}{20 \div 2} = \dfrac{1}{10}$, $\dfrac{8 \div 4}{20 \div 4} = \dfrac{2}{5}$, $\dfrac{15 \div 5}{20 \div 5} = \dfrac{3}{4}$

1-1 $\dfrac{7}{10}$, $\dfrac{7}{8}$

1-2 (1) 4 (2) 6 (3) $\dfrac{1}{6}$, $\dfrac{3}{4}$

1-3 (1) 4, 7 (2) $\dfrac{2}{7}$, $\dfrac{3}{4}$

2-1 $\dfrac{1}{5}$, $\dfrac{1}{4}$, $\dfrac{3}{8}$

2-2 | 60을 공통분모로 하여 세 분수를 통분하였더니 각각 분자가 6, 15, 20인 분수가 되었습니다. 통분하기 전의 세 기약분수를 구해 보세요.

; $\dfrac{1}{10}$, $\dfrac{1}{4}$, $\dfrac{1}{3}$

2-3 $\dfrac{1}{9}$, $\dfrac{2}{15}$, $\dfrac{1}{5}$

1 $\dfrac{1}{3}$, $\dfrac{1}{19}$ **2** $\dfrac{11}{24}$, $\dfrac{15}{16}$

3 $\dfrac{12}{54}$, $\dfrac{9}{54}$ **4** 10

5 11, 22

6 (위에서부터) $\dfrac{8}{36}$, $\dfrac{1}{6}$, $\dfrac{11}{18}$

1-1 40과 28의 최대공약수는 4이고, 40과 35의 최대공약수는 5입니다.

$\dfrac{28 \div 4}{40 \div 4} = \dfrac{7}{10}$, $\dfrac{35 \div 5}{40 \div 5} = \dfrac{7}{8}$

1-2 $\dfrac{4}{24}$의 분모와 분자를 최대공약수인 4로 나누면 $\dfrac{1}{6}$

이고, $\dfrac{18}{24}$의 분모와 분자를 최대공약수인 6으로 나누

면 $\dfrac{3}{4}$입니다.

1-3 $\dfrac{8}{28}$의 분모와 분자를 최대공약수인 4로 나누면 $\dfrac{2}{7}$이

고, $\dfrac{21}{28}$의 분모와 분자를 최대공약수인 7로 나누면

$\dfrac{3}{4}$입니다.

2-1 통분한 세 분수는 $\dfrac{16}{80}$, $\dfrac{20}{80}$, $\dfrac{30}{80}$입니다.

$\dfrac{16 \div 16}{80 \div 16} = \dfrac{1}{5}$, $\dfrac{20 \div 20}{80 \div 20} = \dfrac{1}{4}$, $\dfrac{30 \div 10}{80 \div 10} = \dfrac{3}{8}$

2-2 통분한 세 분수는 $\dfrac{6}{60}$, $\dfrac{15}{60}$, $\dfrac{20}{60}$입니다.

$\dfrac{6 \div 6}{60 \div 6} = \dfrac{1}{10}$, $\dfrac{15 \div 15}{60 \div 15} = \dfrac{1}{4}$, $\dfrac{20 \div 20}{60 \div 20} = \dfrac{1}{3}$

2-3 만든 세 분수는 $\dfrac{5}{45}$, $\dfrac{6}{45}$, $\dfrac{9}{45}$입니다.

$\dfrac{5 \div 5}{45 \div 5} = \dfrac{1}{9}$, $\dfrac{6 \div 3}{45 \div 3} = \dfrac{2}{15}$, $\dfrac{9 \div 9}{45 \div 9} = \dfrac{1}{5}$

---

1 곱해서 57이 되는 두 수는 (1, 57), (3, 19)입니다. 1이

분모가 되면 $\dfrac{1}{1}$은 가분수이므로 조건에 맞지 않습니다.

따라서 조건을 만족하는 두 분수는 $\dfrac{1}{3}$, $\dfrac{1}{19}$입니다.

2 48을 공통분모로 하여 통분하려면 기약분수의 분모가 48의 약수가 되어야 합니다. 48의 약수는 1, 2, 3, 4, 6, 8, 12, 16, 24, 48이므로 48의 약수가 분모인 분수

를 찾으면 $\dfrac{11}{24}$, $\dfrac{15}{16}$입니다.

3 기약분수는 $\dfrac{4 \div 2}{18 \div 2} = \dfrac{2}{9}$, $\dfrac{3 \div 3}{18 \div 3} = \dfrac{1}{6}$입니다.

분모의 곱인 54를 공통분모로 하여 통분하면

$\left(\dfrac{2}{9}, \dfrac{1}{6} \right) \Rightarrow \left(\dfrac{12}{54}, \dfrac{9}{54} \right)$입니다.

4 $\dfrac{7}{\square}$은 진분수이면서 □ 안에 알맞은 수가 7의 배수가

아니므로 $\dfrac{7}{\square}$은 기약분수입니다.

70의 약수는 1, 2, 5, 7, 10 ,14, 35, 70이고 이 중 7

보다 크면서 7의 배수가 아닌 수는 10입니다.

5 $\dfrac{11}{\bullet}$은 진분수이므로 ●는 11보다 크고, 공통분모가

24이므로 ●는 24의 약수입니다. 24의 약수 중 11보

다 큰 수는 12, 24입니다.

●=12일 때, □=22입니다.

●=24일 때, □=11입니다.

6 통분한 분수의 공통분모는 36입니다.

$\dfrac{2 \times 4}{9 \times 4} = \dfrac{8}{36}$

36과 6의 최대공약수: 6, 36과 22의 최대공약수: 2

$\dfrac{6 \div 6}{36 \div 6} = \dfrac{1}{6}$, $\dfrac{22 \div 2}{36 \div 2} = \dfrac{11}{18}$

2일 개념·원리 길잡이 **98**쪽~**99**쪽

활동 문제 98쪽
진영, 진식

활동 문제 99쪽
예지, 슬기

활동 문제 98쪽

• 세진이가 만든 진분수: $\dfrac{2}{7}$, 진영이가 만든 진분수: $\dfrac{3}{8}$

$$\left(\dfrac{2}{7},\ \dfrac{3}{8}\right) \Rightarrow \left(\dfrac{16}{56},\ \dfrac{21}{56}\right) \Rightarrow \dfrac{2}{7} < \dfrac{3}{8}$$

• 진식이가 만든 진분수: $\dfrac{5}{6}$, 용대가 만든 진분수: $\dfrac{7}{9}$

$$\left(\dfrac{5}{6},\ \dfrac{7}{9}\right) \Rightarrow \left(\dfrac{15}{18},\ \dfrac{14}{18}\right) \Rightarrow \dfrac{5}{6} > \dfrac{7}{9}$$

활동 문제 99쪽

• 예지가 만든 대분수: $8\dfrac{3}{5}$, 다슬이가 만든 대분수: $7\dfrac{5}{6}$

자연수 부분을 비교하면 $8 > 7$이므로 예지가 만든 분수가 더 큽니다.

• 은지가 만든 대분수: $6\dfrac{2}{5}$, 슬기가 만든 대분수: $6\dfrac{3}{4}$

자연수 부분이 6으로 같으므로 진분수 부분을 통분하여 비교합니다.

$$\left(\dfrac{2}{5},\ \dfrac{3}{4}\right) \Rightarrow \left(\dfrac{8}{20},\ \dfrac{15}{20}\right) \Rightarrow \dfrac{2}{5} < \dfrac{3}{4}$$

$$\Rightarrow 6\dfrac{2}{5} < 6\dfrac{3}{4}$$이므로 슬기가 만든 분수가 더 큽니다.

1-1 진구가 만든 진분수: $\dfrac{1}{2}$, 성진이가 만든 진분수: $\dfrac{3}{5}$

$$\left(\dfrac{1}{2},\ \dfrac{3}{5}\right) \Rightarrow \left(\dfrac{5}{10},\ \dfrac{6}{10}\right) \Rightarrow \dfrac{1}{2} < \dfrac{3}{5}$$이므로

성진이가 만든 분수가 더 큽니다.

1-2 $\dfrac{7}{9}$과 $\dfrac{5}{8}$를 통분하면

$$\left(\dfrac{7}{9},\ \dfrac{5}{8}\right) \Rightarrow \left(\dfrac{56}{72},\ \dfrac{45}{72}\right) \Rightarrow \dfrac{7}{9} > \dfrac{5}{8}$$이므로 연희가 만든 분수가 더 큽니다.

1-3 $\dfrac{1}{4}$, $\dfrac{2}{5}$, $\dfrac{3}{8}$을 통분하면

$$\left(\dfrac{1}{4},\ \dfrac{2}{5},\ \dfrac{3}{8}\right) \Rightarrow \left(\dfrac{10}{40},\ \dfrac{16}{40},\ \dfrac{15}{40}\right)$$

$$\Rightarrow \dfrac{1}{4} < \dfrac{3}{8} < \dfrac{2}{5}$$이므로 은지가 만든 분수가 가장 큽니다.

2-1 $$\left(\dfrac{3}{10},\ \dfrac{4}{11}\right) \Rightarrow \left(\dfrac{33}{110},\ \dfrac{40}{110}\right) \Rightarrow \dfrac{3}{10} < \dfrac{4}{11}$$이므로 포도 주스를 더 많이 따랐습니다.

2-2 $$\left(\dfrac{2}{3},\ \dfrac{7}{10}\right) \Rightarrow \left(\dfrac{20}{30},\ \dfrac{21}{30}\right) \Rightarrow \dfrac{2}{3} < \dfrac{7}{10}$$이므로 사이다를 더 많이 따랐습니다.

2-3 $$\left(\dfrac{5}{7},\ \dfrac{7}{9}\right) \Rightarrow \left(\dfrac{45}{63},\ \dfrac{49}{63}\right) \Rightarrow \dfrac{5}{7} < \dfrac{7}{9}$$이므로 지우가 운동장을 더 많이 달렸습니다.

2일 서술형 길잡이 독해력 길잡이 **100**쪽~**101**쪽

1-1 성진

1-2 (1) $\dfrac{7}{9}$, $\dfrac{5}{8}$ (2) 연희

1-3 (1) $\dfrac{1}{4}$, $\dfrac{2}{5}$, $\dfrac{3}{8}$ (2) 은지

2-1 포도 주스

2-2 종민이는 크기가 같은 컵을 2개 갖고 있습니다. 한 개의 컵에는 콜라를 컵의 $\dfrac{2}{3}$만큼 따랐고, 다른 컵에는 사이다를 컵의 $\dfrac{7}{10}$만큼 따랐습니다. 어떤 음료를 더 많이 따랐는지 구해 보세요.

; 사이다

2-3 지우

2일 사고력·코딩 **102**쪽~**103**쪽

1 (위에서부터) $\dfrac{2}{3}$, $\dfrac{2}{3}$, $\dfrac{4}{7}$

2 (1) $\dfrac{7}{9}$ (2) $\dfrac{5}{8}$

3 ㉢, ㉡, ㉠

4 학교

5 9, 10, 11

1
• $$\left(\dfrac{2}{3},\ \dfrac{3}{5}\right) \Rightarrow \left(\dfrac{10}{15},\ \dfrac{9}{15}\right) \Rightarrow \dfrac{2}{3} > \dfrac{3}{5}$$

• $$\left(\dfrac{1}{2},\ \dfrac{4}{7}\right) \Rightarrow \left(\dfrac{7}{14},\ \dfrac{8}{14}\right) \Rightarrow \dfrac{1}{2} < \dfrac{4}{7}$$

• $$\left(\dfrac{2}{3},\ \dfrac{4}{7}\right) \Rightarrow \left(\dfrac{14}{21},\ \dfrac{12}{21}\right) \Rightarrow \dfrac{2}{3} > \dfrac{4}{7}$$

정답 및 해설

2 (1) 만들 수 있는 진분수는 $\frac{4}{7}$, $\frac{4}{9}$, $\frac{7}{9}$ 입니다.

$\frac{4}{9} < \frac{7}{9}$ 이므로 $\frac{4}{7}$ 와 $\frac{7}{9}$ 을 비교합니다.

$\left(\frac{4}{7}, \frac{7}{9}\right) \rightarrow \left(\frac{36}{63}, \frac{49}{63}\right) \rightarrow \frac{4}{7} < \frac{7}{9}$ 이므로

가장 큰 진분수는 $\frac{7}{9}$ 입니다.

(2) 만들 수 있는 진분수는 $\frac{3}{5}$, $\frac{3}{8}$, $\frac{5}{8}$ 입니다.

$\frac{3}{8} < \frac{5}{8}$ 이므로 $\frac{3}{5}$ 과 $\frac{5}{8}$ 를 비교합니다.

$\left(\frac{3}{5}, \frac{5}{8}\right) \rightarrow \left(\frac{24}{40}, \frac{25}{40}\right) \rightarrow \frac{3}{5} < \frac{5}{8}$ 이므로

가장 큰 진분수는 $\frac{5}{8}$ 입니다.

3 ㉢ $\frac{9}{4} = \frac{8}{4} + 1 = 2 + \frac{1}{4} = 2\frac{1}{4}$

자연수 부분이 1인 ㉠이 가장 작습니다.

㉡과 ㉢을 비교하면

$\left(2\frac{1}{4}, 2\frac{2}{7}\right) \rightarrow \left(2\frac{7}{28}, 2\frac{8}{28}\right) \rightarrow 2\frac{1}{4} < 2\frac{2}{7}$ 이

므로 ㉢이 ㉡보다 큽니다.

4 0.75를 분수로 나타내면 $\frac{3}{4}$ 입니다.

72를 공통분모로 하여 통분하면

$\left(\frac{3}{4}, \frac{19}{24}, \frac{13}{18}\right) \rightarrow \left(\frac{54}{72}, \frac{57}{72}, \frac{52}{72}\right)$

$\rightarrow \frac{13}{18} < \frac{3}{4} < \frac{19}{24}$ 이므로 학교가 집에서 가장 가깝습니다.

5 분자를 같게 하여 분모를 비교해 봅니다.

$1\frac{5}{\square}$ 에서 $\square > 5$ 이고,

$\left(1\frac{4}{9}, 1\frac{5}{\square}\right) \rightarrow \left(1\frac{20}{45}, 1\frac{20}{4\times\square}\right)$

$\rightarrow 1\frac{20}{45} < 1\frac{20}{4\times\square}$ 이므로 $4\times\square < 45$ 입니다.

$\rightarrow \square = 6, 7, 8, 9, 10, 11$

$\left(1\frac{5}{\square}, 1\frac{3}{5}\right) \rightarrow \left(1\frac{15}{3\times\square}, 1\frac{15}{25}\right)$

$\rightarrow 1\frac{15}{3\times\square} < 1\frac{15}{25}$ 이므로 $3\times\square > 25$ 입니다.

$\rightarrow \square = 9, 10, 11, 12, 13, 14, 15 \cdots\cdots$

따라서 $\square$ 안에 공통으로 들어갈 수 있는 수는 9, 10, 11입니다.

3일 개념·원리 길잡이   **104**쪽~**105**쪽

활동 문제 **104**쪽

예

; 2

활동 문제 **105**쪽

2시간, 3시간

활동 문제 **104**쪽

지혜는 하루에 $\frac{1}{3}$ 만큼 갈 수 있으므로 2칸, 은혜는 하루에 $\frac{1}{6}$ 만큼 갈 수 있으므로 1칸을 색칠합니다. 두 사람이 동시에 밭을 갈면 $\frac{1}{3} + \frac{1}{6} = \frac{1}{2}$ 이므로 3칸을 색칠합니다.

하루에 하는 일의 양은 전체의 $\frac{1}{2}$ 이므로 두 사람이 동시에 밭을 갈면 2일이 걸립니다.

활동 문제 **105**쪽

한 시간 동안 물을 준 양   두 시간 동안 물을 준 양

한 시간 동안 물을 준 양   두 시간 동안 물을 준 양   세 시간 동안 물을 준 양

한 시간 동안 밭의 $\frac{1}{2}$ 에 물을 주었으므로 밭 전체에 물을 주는 데 걸리는 시간은 2시간입니다.

한 시간 동안 밭의 $\frac{1}{3}$ 에 물을 주었으므로 밭 전체에 물을 주는 데 걸리는 시간은 3시간입니다.

3일 서술형 길잡이 독해력 길잡이 **106**쪽~**107**쪽

1-1 $\dfrac{8}{15}$

1-2 (1) $\dfrac{1}{2}$ (2) $\dfrac{1}{4}$ (3) $\dfrac{3}{4}$

1-3 (1) $\dfrac{1}{5}$, $\dfrac{1}{6}$ (2) $\dfrac{11}{30}$ **2**-1 3일

2-2 유정이와 주희는 조각을 하려고 합니다. 똑같은 조각을 하는 데 유정이는 9일, 주희는 18일이 걸립니다. 두 사람이 동시에 같이 조각을 하면 완성하는 데 며칠이 걸리는지 구해 보세요.

  ; 6일

2-3 6일

1-1 1시간 동안 예나는 전체 일의 $\dfrac{1}{3}$만큼 일하고 승호는 전체 일의 $\dfrac{1}{5}$만큼 일합니다. 두 사람이 동시에 일한다면 1시간 동안 $\dfrac{1}{3}+\dfrac{1}{5}=\dfrac{8}{15}$만큼 할 수 있습니다.

1-2 (3) 동시에 일한다면 1시간 동안 전체 일의

$\dfrac{1}{2}+\dfrac{1}{4}=\dfrac{2}{4}+\dfrac{1}{4}=\dfrac{3}{4}$만큼 할 수 있습니다.

1-3 (2) 동시에 일한다면 1시간 동안 전체 일의

$\dfrac{1}{5}+\dfrac{1}{6}=\dfrac{6}{30}+\dfrac{5}{30}=\dfrac{11}{30}$만큼 할 수 있습니다.

2-1 현우가 하루에 칠하는 양은 전체의 $\dfrac{1}{4}$, 지수가 하루에 칠하는 양은 전체의 $\dfrac{1}{12}$입니다.

$\dfrac{1}{4}+\dfrac{1}{12}=\dfrac{3}{12}+\dfrac{1}{12}=\dfrac{4}{12}=\dfrac{1}{3}$이므로 두 사람이 동시에 벽을 칠하면 3일이 걸립니다.

2-2 유정이가 하루에 조각을 하는 양은 전체의 $\dfrac{1}{9}$, 주희가 하루에 조각을 하는 양은 전체의 $\dfrac{1}{18}$입니다.

$\dfrac{1}{9}+\dfrac{1}{18}=\dfrac{3}{18}=\dfrac{1}{6}$이므로 두 사람이 동시에 조각을 하면 6일이 걸립니다.

2-3 해인이가 하루에 일을 하는 양은 전체의 $\dfrac{1}{10}$, 다정이가 하루에 일을 하는 양은 전체의 $\dfrac{1}{15}$입니다.

$\dfrac{1}{10}+\dfrac{1}{15}=\dfrac{3}{30}+\dfrac{2}{30}=\dfrac{5}{30}=\dfrac{1}{6}$이므로 두 사람이 동시에 일을 하면 6일이 걸립니다.

3일 사고력·코딩 **108**쪽~**109**쪽

1 $1\dfrac{1}{4}$ **2** $\dfrac{11}{15}$ **3** 1시간

4 $\dfrac{19}{20}$ km   **5** $\dfrac{3}{4}$ **6** 4일

1 $\dfrac{1}{4}+\dfrac{1}{2}=\dfrac{1}{4}+\dfrac{2}{4}=\dfrac{3}{4}$ ➡ $\dfrac{3}{4}<1$

$\dfrac{3}{4}+\dfrac{1}{2}=\dfrac{3}{4}+\dfrac{2}{4}=\dfrac{5}{4}=1\dfrac{1}{4}$ ➡ $1\dfrac{1}{4}>1$ ➡ $1\dfrac{1}{4}$

3 준영이와 승기는 1시간 동안 전체의 $\dfrac{1}{4}$만큼 그릴 수 있고, 지숙이는 1시간 동안 전체의 $\dfrac{1}{2}$만큼 그릴 수 있습니다. 세 사람이 동시에 만화를 그리면 1시간에 전체의 $\dfrac{1}{4}+\dfrac{1}{4}+\dfrac{1}{2}=1$만큼 그릴 수 있습니다.

4 집에서 빵집까지의 거리:

$\dfrac{3}{8}+\dfrac{1}{5}=\dfrac{15}{40}+\dfrac{8}{40}=\dfrac{23}{40}$ (km)

편의점에서 빵집까지의 거리:

$\dfrac{3}{8}+\dfrac{23}{40}=\dfrac{15}{40}+\dfrac{23}{40}=\dfrac{38}{40}=\dfrac{19}{20}$ (km)

5 하루에 준기는 전체 일의 $\dfrac{1}{3}$, 승아는 전체 일의 $\dfrac{1}{4}$, 문아는 전체 일의 $\dfrac{1}{6}$만큼 일을 합니다.

세 사람이 동시에 일을 하면 하루에 전체 일의

$\dfrac{1}{3}+\dfrac{1}{4}+\dfrac{1}{6}=\dfrac{4}{12}+\dfrac{3}{12}+\dfrac{2}{12}=\dfrac{9}{12}=\dfrac{3}{4}$

만큼 할 수 있습니다.

6 인수가 하루에 일하는 양은 전체의 $\dfrac{1}{4}$, 영희가 하루에 일하는 양은 전체의 $\dfrac{1}{8}$입니다. 처음에 영희 혼자 2일 동안 일을 했으므로 2일 후 남은 일의 양은 전체의

$1-\dfrac{1}{8}-\dfrac{1}{8}=\dfrac{6}{8}$입니다.

두 사람이 동시에 일하면 하루에 전체의

$\dfrac{1}{4}+\dfrac{1}{8}=\dfrac{2}{8}+\dfrac{1}{8}=\dfrac{3}{8}$만큼 일하므로 남은 양은

$\dfrac{3}{8}+\dfrac{3}{8}=\dfrac{6}{8}$에서 2일이 걸립니다.

➡ $2+2=4$(일)

4일 개념·원리 길잡이 **110**쪽~**111**쪽

활동 문제 **110**쪽

① $\frac{1}{2}$, $\frac{2}{3}$, $5\frac{1}{6}$ ② $4\frac{1}{3}$, $1\frac{3}{4}$, $6\frac{1}{12}$

활동 문제 **111**쪽

활동 문제 **110**쪽

• 만들 수 있는 가장 큰 대분수는 $3\frac{1}{2}$이고 가장 작은 대분

수는 $1\frac{2}{3}$입니다.

$$3\frac{1}{2}+1\frac{2}{3}=(3+1)+\left(\frac{3}{6}+\frac{4}{6}\right)$$
$$=4+\frac{7}{6}=4+1\frac{1}{6}=5\frac{1}{6}$$

• 만들 수 있는 가장 큰 대분수는 $4\frac{1}{3}$이고 가장 작은 대분

수는 $1\frac{3}{4}$입니다.

$$4\frac{1}{3}+1\frac{3}{4}=(4+1)+\left(\frac{4}{12}+\frac{9}{12}\right)$$
$$=5+\frac{13}{12}=5+1\frac{1}{12}=6\frac{1}{12}$$

활동 문제 **111**쪽

$1\frac{1}{3}=1\frac{20}{60}$이므로 1시간 20분입니다.

1시 20분부터 1시간 20분이 지난 2시 40분이 되도록 표시합니다.

$1\frac{1}{3}$과 $1\frac{1}{20}$을 분모가 60인 분수로 통분하여 계산하면

$1\frac{1}{3}+1\frac{1}{20}=1\frac{20}{60}+1\frac{3}{60}=2\frac{23}{60}$입니다.

$2\frac{23}{60}=2$시간 23분이므로 1시 20분부터 2시간 23분이

지난 3시 43분이 되도록 표시합니다.

1-1 $17\frac{55}{72}$

1-2 (1) $5\frac{1}{2}$ (2) $1\frac{2}{5}$ (3) $5\frac{1}{2}$, $1\frac{2}{5}$, $6\frac{9}{10}$

1-3 (1) $7\frac{3}{5}$, $3\frac{5}{7}$ (2) $11\frac{11}{35}$

2-1 3시간 35분

2-2 오전에 해가 $5\frac{1}{12}$ 시간 동안 떠 있었고 오후에 $7\frac{3}{10}$ 시간 동안 떠 있었습니다. 하루 동안 해가 떠 있었던 시간은 몇 시간 몇 분인지 구해 보세요.

; 12시간 23분

2-3 2시간 42분

1-1 만들 수 있는 가장 큰 대분수: $9\frac{7}{8}$

만들 수 있는 가장 작은 대분수: $7\frac{8}{9}$

$$9\frac{7}{8}+7\frac{8}{9}=(9+7)+\left(\frac{63}{72}+\frac{64}{72}\right)$$
$$=16+\frac{127}{72}$$
$$=16+1\frac{55}{72}=17\frac{55}{72}$$

1-2 (1) 5를 자연수 부분에 놓습니다.

(2) 1을 자연수 부분에 놓습니다.

$$5\frac{1}{2}+1\frac{2}{5}=(5+1)+\left(\frac{5}{10}+\frac{4}{10}\right)=6\frac{9}{10}$$

1-3 (1) 가장 큰 대분수는 7을 자연수 부분에 놓고 남은 수로 진분수를 만듭니다. 가장 작은 대분수는 3을 자연수 부분에 놓고 남은 수로 진분수를 만듭니다.

(2) $7\frac{3}{5}+3\frac{5}{7}=(7+3)+\left(\frac{21}{35}+\frac{25}{35}\right)$
$$=10+\frac{46}{35}=10+1\frac{11}{35}=11\frac{11}{35}$$

2-1 $2\frac{1}{4}+1\frac{1}{3}=2\frac{15}{60}+1\frac{20}{60}=3\frac{35}{60}$

➡ 3시간 35분

2-2 $5\frac{1}{12}+7\frac{3}{10}=5\frac{5}{60}+7\frac{18}{60}=12\frac{23}{60}$

➡ 12시간 23분

2-3 $1\frac{1}{2}+1\frac{1}{5}=1\frac{30}{60}+1\frac{12}{60}=2\frac{42}{60}$

➡ 2시간 42분

1 $12\frac{4}{15}$ cm

2 $3\frac{5}{6}$, $2\frac{2}{3}$

3 $8\frac{11}{15}$

4 $5\frac{5}{28}$

5 7시간 5분

1 $4\frac{1}{3}+4\frac{1}{3}=8\frac{2}{3}$

$\Rightarrow 8\frac{2}{3}+3\frac{3}{5}=(8+3)+\left(\frac{10}{15}+\frac{9}{15}\right)$

$=11+\frac{19}{15}=11+1\frac{4}{15}$

$=12\frac{4}{15}$ (cm)

2 $2\frac{1}{2}+\frac{1}{6}=2\frac{3}{6}+\frac{1}{6}$

$=2\frac{4}{6}=2\frac{2}{3}$ ➡ 자연수 부분: 2

$3\frac{2}{3}+\frac{1}{6}=3\frac{4}{6}+\frac{1}{6}$

$=3\frac{5}{6}$ ➡ 자연수 부분: 3

3 만들 수 있는 가장 큰 대분수: $6\frac{1}{3}$

$\Rightarrow 6\frac{1}{3}+2\frac{2}{5}=(6+2)+\left(\frac{5}{15}+\frac{6}{15}\right)=8\frac{11}{15}$

4 2를 제외한 수 카드 중 2장을 골라 진분수를 만들면

$\frac{3}{4}$, $\frac{3}{7}$, $\frac{4}{7}$입니다.

$\frac{3}{4}>\frac{3}{7}$이고 $\frac{3}{7}<\frac{4}{7}$이므로 $\frac{3}{7}$이 가장 작습니다.

$\frac{3}{4}$과 $\frac{4}{7}$를 비교하면 $\left(\frac{3}{4}, \frac{4}{7}\right) \Rightarrow \left(\frac{21}{28}, \frac{16}{28}\right)$이

고 $\frac{21}{28}>\frac{16}{28}$이므로 $\frac{3}{4}$이 가장 큽니다.

만들 수 있는 대분수 중 자연수 부분이 2인 가장 큰 대

분수는 $2\frac{3}{4}$이고, 가장 작은 대분수는 $2\frac{3}{7}$입니다.

$2\frac{3}{4}+2\frac{3}{7}=2\frac{21}{28}+2\frac{12}{28}=4\frac{33}{28}=5\frac{5}{28}$

5 공통분모를 60으로 하여 통분하면

$\left(2\frac{2}{3}, 3\frac{1}{4}, 1\frac{1}{6}\right) \Rightarrow \left(2\frac{40}{60}, 3\frac{15}{60}, 1\frac{10}{60}\right)$입니다.

따라서 $2\frac{40}{60}+1\frac{15}{60}+1\frac{10}{60}=6\frac{65}{60}=7\frac{5}{60}$이

므로 하루 동안 영희가 공부한 시간은 7시간 5분입니다.

활동 문제 116쪽

① $\frac{6}{29}$, $\frac{16}{29}$, $\frac{2}{29}$ ② $\frac{7}{13}$, $\frac{12}{13}$, $\frac{10}{13}$

③ $\frac{27}{37}$, $\frac{12}{37}$, $\frac{24}{37}$

활동 문제 117쪽

① $\frac{3}{5}$, $\frac{7}{10}$ ② $\frac{5}{12}$, $\frac{7}{12}$, $\frac{1}{12}$ ③ $\frac{9}{16}$, $\frac{7}{16}$

활동 문제 116쪽

① 분자의 합이 $8+18+4=30$이므로 가로, 세로, 대각선에 있는 분수의 분자의 합이 30이 되도록 써넣습니다.

② 분자의 합이 $11+4+9=24$이므로 가로, 세로, 대각선에 있는 분수의 분자의 합이 24가 되도록 써넣습니다.

③ 분자의 합이 $21+15+9=45$이므로 가로, 세로, 대각선에 있는 분수의 분자의 합이 45가 되도록 써넣습니다.

활동 문제 117쪽

① $\frac{4}{5}+\frac{3}{10}+\frac{2}{5}=\frac{15}{10}=1\frac{1}{2}$입니다.

$1\frac{1}{2}-\frac{4}{5}-\frac{1}{10}=\frac{15}{10}-\frac{8}{10}-\frac{1}{10}=\frac{3}{5}$

$1\frac{1}{2}-\frac{3}{10}-\frac{1}{2}=\frac{15}{10}-\frac{3}{10}-\frac{5}{10}=\frac{7}{10}$

② $\frac{1}{3}+\frac{1}{4}+\frac{2}{3}=1\frac{1}{4}$입니다.

$1\frac{1}{4}-\frac{1}{3}-\frac{1}{2}=\frac{15}{12}-\frac{4}{12}-\frac{6}{12}=\frac{5}{12}$

$1\frac{1}{4}-\frac{1}{6}-\frac{1}{2}=\frac{15}{12}-\frac{2}{12}-\frac{6}{12}=\frac{7}{12}$

$1\frac{1}{4}-\frac{2}{3}-\frac{1}{2}=\frac{15}{12}-\frac{8}{12}-\frac{6}{12}=\frac{1}{12}$

③ $\frac{3}{8}+\frac{1}{16}+\frac{1}{2}=\frac{15}{16}$입니다.

$\frac{15}{16}-\frac{1}{8}-\frac{1}{4}=\frac{15}{16}-\frac{2}{16}-\frac{4}{16}=\frac{9}{16}$

$\frac{15}{16}-\frac{1}{8}-\frac{3}{8}=\frac{15}{16}-\frac{2}{16}-\frac{6}{16}=\frac{7}{16}$

5일 서술형 길잡이 | 독해력 길잡이 **118**쪽~**119**쪽

1-1 $\dfrac{11}{12}$

1-2 (1) $2\dfrac{21}{40}$ (2) $1\dfrac{9}{20}$

1-3 (1) $1\dfrac{11}{36}$ (2) $\dfrac{1}{9}$

2-1 $1\dfrac{3}{5}$

2-2 | 어떤 수에서 $\dfrac{5}{8}$ 를 빼야 할 것을 잘못하여 더했더니 $2\dfrac{1}{2}$ 이 되었습니다. 바르게 계산한 값을 구해 보세요.

; $1\dfrac{1}{4}$

2-3 (1) $5\dfrac{1}{2}$ (2) $4\dfrac{1}{4}$

1-1 $\dfrac{2}{3}+1\dfrac{1}{4}+\dfrac{1}{6}=\dfrac{8}{12}+1\dfrac{3}{12}+\dfrac{2}{12}$
$=1\dfrac{13}{12}=2\dfrac{1}{12}$

$\bigcirc=2\dfrac{1}{12}-\dfrac{5}{6}-\dfrac{1}{3}=\dfrac{25}{12}-\dfrac{10}{12}-\dfrac{4}{12}=\dfrac{11}{12}$

1-2 (1) $\dfrac{3}{5}+1\dfrac{5}{8}+\dfrac{3}{10}=\dfrac{24}{40}+1\dfrac{25}{40}+\dfrac{12}{40}$
$=1\dfrac{61}{40}=2\dfrac{21}{40}$

(2) $\bigcirc=2\dfrac{21}{40}-\dfrac{7}{10}-\dfrac{3}{8}$
$=2\dfrac{21}{40}-\dfrac{28}{40}-\dfrac{15}{40}$
$=1\dfrac{61}{40}-\dfrac{28}{40}-\dfrac{15}{40}=1\dfrac{9}{20}$

1-3 (1) $\dfrac{2}{9}+\dfrac{1}{4}+\dfrac{5}{6}=\dfrac{8}{36}+\dfrac{9}{36}+\dfrac{30}{36}$
$=\dfrac{47}{36}=1\dfrac{11}{36}$

(2) $\bigcirc=1\dfrac{11}{36}-\dfrac{3}{4}-\dfrac{4}{9}$
$=1\dfrac{11}{36}-\dfrac{27}{36}-\dfrac{16}{36}$
$=\dfrac{47}{36}-\dfrac{27}{36}-\dfrac{16}{36}=\dfrac{4}{36}=\dfrac{1}{9}$

2-1 어떤 수를 □라 하고 어떤 수를 먼저 구합니다.
$\square+1\dfrac{1}{2}=4\dfrac{3}{5}$,
$\square=4\dfrac{3}{5}-1\dfrac{1}{2}=4\dfrac{6}{10}-1\dfrac{5}{10}=3\dfrac{1}{10}$
➡ $3\dfrac{1}{10}-1\dfrac{1}{2}=2\dfrac{11}{10}-1\dfrac{5}{10}=1\dfrac{6}{10}=1\dfrac{3}{5}$

2-2 어떤 수를 □라 하고 어떤 수를 먼저 구합니다.
$\square+\dfrac{5}{8}=2\dfrac{1}{2}$,
$\square=2\dfrac{1}{2}-\dfrac{5}{8}=2\dfrac{4}{8}-\dfrac{5}{8}=1\dfrac{12}{8}-\dfrac{5}{8}=1\dfrac{7}{8}$
➡ $1\dfrac{7}{8}-\dfrac{5}{8}=1\dfrac{2}{8}=1\dfrac{1}{4}$

2-3 (1) 어떤 수를 □라 하고 어떤 수를 먼저 구합니다.
$\square+2\dfrac{1}{6}=7\dfrac{2}{3}$,
$\square=7\dfrac{2}{3}-2\dfrac{1}{6}=7\dfrac{4}{6}-2\dfrac{1}{6}=5\dfrac{3}{6}=5\dfrac{1}{2}$

(2) $5\dfrac{1}{2}-1\dfrac{1}{4}=5\dfrac{2}{4}-1\dfrac{1}{4}=4\dfrac{1}{4}$

5일 사고력·코딩 **120**쪽~**121**쪽

1 $3\dfrac{3}{5}$, $2\dfrac{17}{20}$ **2** $2\dfrac{5}{12}$

3 (1) $1\dfrac{1}{9}$ (2) $1\dfrac{1}{24}$

4 (위에서부터) $\dfrac{5}{9}$, $\dfrac{2}{9}$, $\dfrac{4}{9}$, $\dfrac{1}{9}$, $\dfrac{7}{18}$

1 ㆍ$\bigcirc=4\dfrac{7}{20}-\dfrac{3}{4}=4\dfrac{7}{20}-\dfrac{15}{20}=3\dfrac{27}{20}-\dfrac{15}{20}$
$=3\dfrac{12}{20}=3\dfrac{3}{5}$

ㆍ$\bigcirc=3\dfrac{3}{5}-\dfrac{3}{4}=3\dfrac{12}{20}-\dfrac{15}{20}$
$=2\dfrac{32}{20}-\dfrac{15}{20}=2\dfrac{17}{20}$

2 $3\dfrac{3}{4}-\dfrac{2}{3}=3\dfrac{9}{12}-\dfrac{8}{12}=3\dfrac{1}{12}$, $3\dfrac{1}{12}>3$

$3\dfrac{1}{12}-\dfrac{2}{3}=2\dfrac{13}{12}-\dfrac{8}{12}=2\dfrac{5}{12}$, $2\dfrac{5}{12}<3$

3 (1) $\square=3\dfrac{1}{2}-\left(2\dfrac{2}{9}+\dfrac{1}{6}\right)=3\dfrac{1}{2}-\left(2\dfrac{4}{18}+\dfrac{3}{18}\right)$
$=3\dfrac{1}{2}-2\dfrac{7}{18}=3\dfrac{9}{18}-2\dfrac{7}{18}$
$=1\dfrac{2}{18}=1\dfrac{1}{9}$

(2) $\square=1\dfrac{5}{6}-\left(\dfrac{5}{12}+\dfrac{3}{8}\right)=1\dfrac{5}{6}-\left(\dfrac{10}{24}+\dfrac{9}{24}\right)$
$=1\dfrac{5}{6}-\dfrac{19}{24}=1\dfrac{20}{24}-\dfrac{19}{24}=1\dfrac{1}{24}$

4

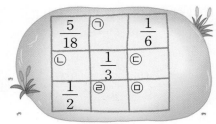

$$\frac{1}{6}+\frac{1}{3}+\frac{1}{2}=\frac{1}{6}+\frac{2}{6}+\frac{3}{6}=1$$

$$㉠=1-\frac{5}{18}-\frac{1}{6}=\frac{18}{18}-\frac{5}{18}-\frac{3}{18}=\frac{10}{18}=\frac{5}{9}$$

$$㉡=1-\frac{5}{18}-\frac{1}{2}=\frac{18}{18}-\frac{5}{18}-\frac{9}{18}=\frac{4}{18}=\frac{2}{9}$$

$$㉢=1-\frac{2}{9}-\frac{1}{3}=\frac{18}{18}-\frac{4}{18}-\frac{6}{18}=\frac{8}{18}=\frac{4}{9}$$

$$㉣=1-\frac{5}{9}-\frac{1}{3}=\frac{18}{18}-\frac{10}{18}-\frac{6}{18}=\frac{2}{18}=\frac{1}{9}$$

$$㉤=1-\frac{5}{18}-\frac{1}{3}=\frac{18}{18}-\frac{5}{18}-\frac{6}{18}=\frac{7}{18}$$

3주 특강 창의 · 융합 · 코딩 **122쪽~127쪽**

1 $\frac{6}{7}$, $\frac{30}{42}$, $\frac{9}{14}$, $\frac{3}{6}$, $\frac{8}{21}$, $\frac{1}{3}$

; $\frac{6}{7}$ 바구니를 가진 참가자에 ○표

2

3 ❶ 파란색 종이 ❷ $\frac{1}{12}$장

4 ❶ 파란색 닥종이 ❷ $1\frac{1}{14}$장

5 $\frac{3}{12}$, $\frac{2}{12}$ **6** 2개

7 $1\frac{1}{4}$박자   **8** $\frac{5}{32}$

9 $\frac{9}{20}$

---

1 42를 공통분모로 하여 통분합니다.

$$\frac{3}{6}=\frac{21}{42},\ \frac{6}{7}=\frac{36}{42},\ \frac{8}{21}=\frac{16}{42},$$

$$\frac{9}{14}=\frac{27}{42},\ \frac{1}{3}=\frac{14}{42}$$

➡ $\frac{36}{42}>\frac{30}{42}>\frac{27}{42}>\frac{21}{42}>\frac{16}{42}>\frac{14}{42}$이므로

$\frac{6}{7}$인 바구니를 가진 참가자가 가장 많이 구했습니다.

2 분수의 덧셈과 뺄셈을 한 후 1과 크기를 비교해 봅니다.

$$\frac{3}{4}-\frac{2}{3}=\frac{9}{12}-\frac{8}{12}=\frac{1}{12}<1$$

$$\frac{2}{9}+\frac{3}{5}=\frac{10}{45}+\frac{27}{45}=\frac{37}{45}<1$$

$$\frac{5}{8}+\frac{3}{5}=\frac{25}{40}+\frac{24}{40}=\frac{49}{40}=1\frac{9}{40}>1$$

$$1\frac{5}{12}-1\frac{3}{8}=1\frac{10}{24}-1\frac{9}{24}=\frac{1}{24}<1$$

$$\frac{9}{16}+\frac{3}{4}=\frac{9}{16}+\frac{12}{16}=\frac{21}{16}=1\frac{5}{16}>1$$

5 두 수는 $\frac{1}{4}$과 $\frac{1}{6}$입니다. $\left(\frac{1}{4},\ \frac{1}{6}\right)$ ➡ $\left(\frac{3}{12},\ \frac{2}{12}\right)$

6 지워진 수를 □라 하여 두 분수를 통분해 보면

$\left(\frac{1}{6},\ \frac{□}{18}\right)$ ➡ $\left(\frac{3}{18},\ \frac{□}{18}\right)$입니다.

$\frac{3}{18}>\frac{□}{18}$이므로 □ 안에 들어갈 수 있는 자연수는 1과 2로 모두 2개입니다.

7 ♪+♪=$\frac{1}{2}+\frac{3}{4}=\frac{2}{4}+\frac{3}{4}=\frac{5}{4}=1\frac{1}{4}$(박자)

8 ㉠+㉡=$\frac{1}{8}+\frac{1}{32}$이므로 공통분모를 32로하여 통분한 후 계산하면 $\frac{1}{8}+\frac{1}{32}=\frac{4}{32}+\frac{1}{32}=\frac{5}{32}$입니다.

9 $1\frac{1}{2}-\frac{2}{5}=1\frac{5}{10}-\frac{4}{10}=1\frac{1}{10}$(대분수)

$1\frac{1}{10}-\frac{2}{5}=\frac{11}{10}-\frac{4}{10}=\frac{7}{10}$(진분수)

$\frac{7}{10}-\frac{1}{4}=\frac{14}{20}-\frac{5}{20}=\frac{9}{20}$

누구나 100점 TEST 128쪽~129쪽

1 $\dfrac{3}{4}$, $\dfrac{1}{6}$ **2** 건희

3 $\dfrac{5}{18}$ **4** $9\dfrac{11}{20}$

5 3시간 49분

6 (위에서부터) $\dfrac{5}{12}$, $\dfrac{5}{24}$, $\dfrac{7}{24}$

1 12와 9의 최대공약수는 3이고, 12와 2의 최대공약수는 2입니다.

$$\dfrac{9÷3}{12÷3}=\dfrac{3}{4},\ \dfrac{2÷2}{12÷2}=\dfrac{1}{6}$$

2 승희가 만든 진분수: $\dfrac{2}{5}$, 건희가 만든 진분수: $\dfrac{4}{9}$

$$\left(\dfrac{2}{5},\ \dfrac{4}{9}\right)\Rightarrow\left(\dfrac{18}{45},\ \dfrac{20}{45}\right)\Rightarrow\dfrac{2}{5}<\dfrac{4}{9}$$이므로 건희가 만든 진분수가 더 큽니다.

3 지후는 1시간에 전체 일의 $\dfrac{1}{6}$만큼 일하고 세인이는 1시간에 전체 일의 $\dfrac{1}{9}$만큼 일합니다.

두 사람이 동시에 일한다면 1시간 동안 전체 일의

$$\dfrac{1}{6}+\dfrac{1}{9}=\dfrac{3}{18}+\dfrac{2}{18}=\dfrac{5}{18}$$만큼 일할 수 있습니다.

4 만들 수 있는 가장 큰 대분수는 $5\dfrac{3}{4}$이고 가장 작은 대분수는 $3\dfrac{4}{5}$입니다.

$$5\dfrac{3}{4}+3\dfrac{4}{5}=(5+3)+\left(\dfrac{15}{20}+\dfrac{16}{20}\right)$$
$$=8+\dfrac{31}{20}=8+1\dfrac{11}{20}=9\dfrac{11}{20}$$

5 $1\dfrac{7}{20}+2\dfrac{7}{15}=1\dfrac{21}{60}+2\dfrac{28}{60}=3\dfrac{49}{60}$

➡ 3시간 49분

6 $\dfrac{1}{3}+\dfrac{1}{4}+\dfrac{1}{6}=\dfrac{4}{12}+\dfrac{3}{12}+\dfrac{2}{12}=\dfrac{9}{12}=\dfrac{3}{4}$

➡ $\dfrac{3}{4}-\dfrac{1}{4}-\dfrac{1}{12}=\dfrac{9}{12}-\dfrac{3}{12}-\dfrac{1}{12}=\dfrac{5}{12}$

$\dfrac{3}{4}-\dfrac{1}{6}-\dfrac{3}{8}=\dfrac{18}{24}-\dfrac{4}{24}-\dfrac{9}{24}=\dfrac{5}{24}$

$\dfrac{3}{4}-\dfrac{1}{8}-\dfrac{1}{3}=\dfrac{18}{24}-\dfrac{3}{24}-\dfrac{8}{24}=\dfrac{7}{24}$

4주

이번 주에는 무엇을 공부할까? ❷ 132쪽~133쪽

1-1 30 cm   **1**-2 24 cm
2-1 22 cm   **2**-2 20 cm
3-1 50 cm² **3**-2 16 cm²
4-1 21 cm² **4**-2 24 cm²

1-1 $(10+5)×2=30$ (cm)
1-2 $6×4=24$ (cm)
2-1 $(7+4)×2=22$ (cm)
2-2 $5×4=20$ (cm)
3-1 $10×5=50$ (cm²)
3-2 $4×4=16$ (cm²)
4-1 $7×3=21$ (cm²)
4-2 $8×6÷2=24$ (cm²)

1일 개념·원리 길잡이 134쪽~135쪽

활동 문제 134쪽
❶ $\dfrac{1}{12}$ ❷ $\dfrac{1}{2}$

활동 문제 135쪽
❶ $\dfrac{3}{5}$ kg ❷ $\dfrac{3}{14}$ kg

활동 문제 134쪽
봉지 2개의 무게의 합을 구한 후 전체 무게에서 봉지 2개의 무게의 합을 빼서 빈 바구니의 무게를 구합니다.

❶ $1\dfrac{5}{6}+1\dfrac{5}{6}=(1+1)+\left(\dfrac{5}{6}+\dfrac{5}{6}\right)=2+\dfrac{10}{6}$
$$=2+1\dfrac{4}{6}=3\dfrac{4}{6}=3\dfrac{2}{3}\ (\text{kg})$$

➡ $3\dfrac{3}{4}-3\dfrac{2}{3}=3\dfrac{9}{12}-3\dfrac{8}{12}=\dfrac{1}{12}\ (\text{kg})$

❷ $1\dfrac{2}{5}+1\dfrac{2}{5}=(1+1)+\left(\dfrac{2}{5}+\dfrac{2}{5}\right)=2\dfrac{4}{5}\ (\text{kg})$

➡ $3\dfrac{3}{10}-2\dfrac{4}{5}=3\dfrac{3}{10}-2\dfrac{8}{10}=2\dfrac{13}{10}-2\dfrac{8}{10}$
$$=\dfrac{5}{10}=\dfrac{1}{2}\ (\text{kg})$$

1 사과 1개의 무게는 $\frac{1}{6}$ kg이므로 사과 2개의 무게는

$\frac{1}{6}+\frac{1}{6}=\frac{2}{6}=\frac{1}{3}$ (kg)입니다.

따라서 배의 무게는

$\frac{14}{15}-\frac{1}{3}=\frac{14}{15}-\frac{5}{15}=\frac{9}{15}=\frac{3}{5}$ (kg)입니다.

2 사과 1개의 무게는 $\frac{2}{7}$ kg이므로 사과 3개의 무게는

$\frac{2}{7}+\frac{2}{7}+\frac{2}{7}=\frac{6}{7}$ (kg)입니다.

따라서 배의 무게는

$1\frac{1}{14}-\frac{6}{7}=\frac{15}{14}-\frac{12}{14}=\frac{3}{14}$ (kg)입니다.

1일 서술형 길잡이 독해력 길잡이 **136쪽~137쪽**

1-1 $\frac{3}{20}$ **1**-2 (1) $1\frac{1}{6}$ (2) $2\frac{5}{24}$

1-3 (1) $1\frac{11}{12}$ (2) $2\frac{7}{24}$ **2**-1 $\frac{1}{20}$ kg

2-2 혜진이가 빈 가방에 수학 책과 국어 책을 넣고 무게를 재었더니 $1\frac{3}{8}$ kg이었습니다. 책의 무게를 재었더니 수학 책의 무게가 $\frac{3}{5}$ kg, 국어 책의 무게가 $\frac{1}{2}$ kg이었습니다. 빈 가방의 무게는 몇 kg인지 구해 보세요.

; $\frac{11}{40}$ kg

2-3 $\frac{3}{20}$ kg

1-1 $2\frac{1}{4}-\left(\frac{4}{5}+1\frac{3}{10}\right)=2\frac{1}{4}-\left(\frac{8}{10}+1\frac{3}{10}\right)$

$=2\frac{1}{4}-2\frac{1}{10}$

$=2\frac{5}{20}-2\frac{2}{20}=\frac{3}{20}$

1-2 (1) $\frac{5}{12}+\frac{3}{4}=\frac{5}{12}+\frac{9}{12}=\frac{14}{12}=1\frac{2}{12}=1\frac{1}{6}$

(2) ㉠$=3\frac{3}{8}-1\frac{1}{6}=3\frac{9}{24}-1\frac{4}{24}=2\frac{5}{24}$

1-3 (1) $2\frac{1}{3}-\frac{5}{12}=2\frac{4}{12}-\frac{5}{12}$

$=1\frac{16}{12}-\frac{5}{12}=1\frac{11}{12}$

(2) ㉠$=1\frac{11}{12}+\frac{3}{8}=1\frac{22}{24}+\frac{9}{24}=1\frac{31}{24}=2\frac{7}{24}$

2-1 $5\frac{7}{10}-\left(3\frac{1}{5}+2\frac{9}{20}\right)=5\frac{7}{10}-\left(3\frac{4}{20}+2\frac{9}{20}\right)$

$=5\frac{7}{10}-5\frac{13}{20}$

$=5\frac{14}{20}-5\frac{13}{20}=\frac{1}{20}$ (kg)

2-2 $1\frac{3}{8}-\left(\frac{3}{5}+\frac{1}{2}\right)=1\frac{3}{8}-\left(\frac{6}{10}+\frac{5}{10}\right)$

$=1\frac{3}{8}-1\frac{1}{10}$

$=1\frac{15}{40}-1\frac{4}{40}=\frac{11}{40}$ (kg)

2-3 $2\frac{4}{5}-\left(\frac{9}{10}+1\frac{3}{4}\right)=2\frac{4}{5}-\left(\frac{18}{20}+1\frac{15}{20}\right)$

$=2\frac{4}{5}-2\frac{13}{20}$

$=2\frac{16}{20}-2\frac{13}{20}=\frac{3}{20}$ (kg)

1일 사고력·코딩 **138쪽~139쪽**

1 $\frac{1}{10}$ kg **2** $\frac{3}{8}$ kg

3 $\frac{23}{33}$ kg

4 예 (동화책의 무게)

$=1\frac{7}{9}-\frac{5}{12}=1\frac{28}{36}-\frac{15}{36}=1\frac{13}{36}$ (kg)

빈 상자에 수학 문제집과 동화책을 담으면

$\frac{1}{4}+1\frac{7}{9}+1\frac{13}{36}=\frac{9}{36}+1\frac{28}{36}+1\frac{13}{36}$

$=2\frac{50}{36}=3\frac{14}{36}=3\frac{7}{18}$ (kg)이 됩니다.

; $3\frac{7}{18}$ kg

---

1 (사과 3개의 무게)$=\frac{5}{12}+\frac{5}{12}+\frac{5}{12}$

$=\frac{15}{12}=\frac{5}{4}=1\frac{1}{4}$ (kg)

(빈 바구니의 무게)$=$(전체 무게)$-$(사과 3개의 무게)

$=1\frac{7}{20}-1\frac{1}{4}=1\frac{7}{20}-1\frac{5}{20}=\frac{2}{20}=\frac{1}{10}$ (kg)

2 사과의 무게는 $\frac{3}{8}$ kg, 배의 무게는 $\frac{1}{2}$ kg입니다. 귤의 무게는 $1\frac{1}{4}$ kg에서 사과와 배의 무게를 빼면 됩니다.

$$\text{(귤의 무게)} = 1\frac{1}{4} - \left(\frac{3}{8} + \frac{1}{2}\right)$$
$$= 1\frac{1}{4} - \left(\frac{3}{8} + \frac{4}{8}\right)$$
$$= 1\frac{1}{4} - \frac{7}{8} = 1\frac{2}{8} - \frac{7}{8}$$
$$= \frac{10}{8} - \frac{7}{8} = \frac{3}{8} \text{ (kg)}$$

3 축구공 2개의 무게가 $\frac{9}{11}$ kg이므로 축구공 4개의 무게는 $\frac{9}{11} + \frac{9}{11} = \frac{18}{11} = 1\frac{7}{11}$ (kg)입니다.

$$\text{(빈 가방의 무게)} = 2\frac{1}{3} - 1\frac{7}{11} = 2\frac{11}{33} - 1\frac{21}{33}$$
$$= 1\frac{44}{33} - 1\frac{21}{33} = \frac{23}{33} \text{ (kg)}$$

4 동화책의 무게를 구한 후 동화책의 무게와 빈 상자의 무게와 수학 문제집의 무게를 모두 더합니다.

2일 개념·원리 길잡이   **140**쪽~**141**쪽

활동 문제 **140**쪽

❶ $3\frac{8}{9}$ m ❷ $3\frac{103}{180}$ m

활동 문제 **141**쪽

$1\frac{1}{4}$ km

활동 문제 **140**쪽

❶ $2\frac{1}{2} + 1\frac{2}{3} - \frac{5}{18} = 2\frac{9}{18} + 1\frac{12}{18} - \frac{5}{18}$
$$= 3\frac{21}{18} - \frac{5}{18}$$
$$= 3\frac{16}{18} = 3\frac{8}{9} \text{ (m)}$$

---

❷ $2\frac{1}{4} + 1\frac{3}{5} - \frac{5}{18} = 2\frac{45}{180} + 1\frac{108}{180} - \frac{50}{180}$
$$= 3\frac{153}{180} - \frac{50}{180}$$
$$= 3\frac{103}{180} \text{ (m)}$$

활동 문제 **141**쪽

$$\frac{3}{4} + \frac{4}{5} - \frac{3}{10} = \frac{15}{20} + \frac{16}{20} - \frac{6}{20} = \frac{31}{20} - \frac{6}{20}$$
$$= \frac{25}{20} = \frac{5}{4} = 1\frac{1}{4} \text{ (km)}$$

2일 서술형 길잡이 독해력 길잡이   **142**쪽~**143**쪽

1-1 $2\frac{3}{4}$ m

1-2 (1) $1\frac{2}{15}$ m (2) $\frac{41}{45}$ m

1-3 예 $\frac{5}{14} + \frac{3}{8} - \frac{3}{28} = \frac{35}{56}$; $\frac{35}{56}$ m

2-1 $\frac{13}{20}$ km

2-2 지애는 집에서 출발하여 도서관에 가려고 합니다. 도서관까지 가는 길에는 우체국과 마트가 순서대로 있는데 집에서 마트까지의 거리는 $\frac{11}{15}$ km, 우체국에서 도서관까지의 거리는 $\frac{7}{10}$ km이고, 우체국과 마트 사이의 거리가 $\frac{1}{2}$ km입니다. 지애가 집에서 도서관에 가려면 몇 km를 가야 하는지 구해 보세요.

; $\frac{14}{15}$ km

1-1 $1\frac{1}{4} + 1\frac{2}{3} - \frac{1}{6} = 1\frac{3}{12} + 1\frac{8}{12} - \frac{2}{12}$
$$= 2\frac{11}{12} - \frac{2}{12}$$
$$= 2\frac{9}{12} = 2\frac{3}{4} \text{ (m)}$$

1-2 (1) $\frac{8}{15} + \frac{3}{5} = \frac{8}{15} + \frac{9}{15}$
$$= \frac{17}{15} = 1\frac{2}{15} \text{ (m)}$$

(2) $1\frac{2}{15} - \frac{2}{9} = 1\frac{6}{45} - \frac{10}{45} = \frac{51}{45} - \frac{10}{45}$
$$= \frac{41}{45} \text{ (m)}$$

1-3 $\dfrac{5}{14}+\dfrac{3}{8}-\dfrac{3}{28}=\dfrac{20}{56}+\dfrac{21}{56}-\dfrac{6}{56}$

$\qquad\qquad\qquad =\dfrac{41}{56}-\dfrac{6}{56}=\dfrac{35}{56}$ (m)

2-1 $\dfrac{9}{20}+\dfrac{11}{30}-\dfrac{1}{6}=\dfrac{27}{60}+\dfrac{22}{60}-\dfrac{10}{60}$

$\qquad\qquad\qquad =\dfrac{49}{60}-\dfrac{10}{60}$

$\qquad\qquad\qquad =\dfrac{39}{60}=\dfrac{13}{20}$ (km)

2-2 $\dfrac{11}{15}+\dfrac{7}{10}-\dfrac{1}{2}=\dfrac{22}{30}+\dfrac{21}{30}-\dfrac{15}{30}$

$\qquad\qquad\qquad =\dfrac{43}{30}-\dfrac{15}{30}$

$\qquad\qquad\qquad =\dfrac{28}{30}=\dfrac{14}{15}$ (km)

2일 **사고력·코딩**   **144**쪽~**145**쪽

1 $\dfrac{7}{20}$ km   **2** $\dfrac{1}{24}$ m   **3** $2\dfrac{7}{24}$ m

4 (왼쪽부터) $2\dfrac{11}{24}$, 3, $1\dfrac{1}{4}$

5 자전거

---

1 승우네 집에서 친구네 집을 지나 학교까지 가는 거리:

$\dfrac{7}{30}+\dfrac{8}{15}=\dfrac{7}{30}+\dfrac{16}{30}=\dfrac{23}{30}$ (km)

➡ $\dfrac{23}{30}-\dfrac{5}{12}=\dfrac{46}{60}-\dfrac{25}{60}=\dfrac{21}{60}=\dfrac{7}{20}$ (km)

2 (겹친 부분의 길이)

　 ＝(두 색 테이프의 길이의 합)

　　 －(이어 붙인 색 테이프 전체의 합)

$=\dfrac{5}{8}+\dfrac{5}{6}-1\dfrac{5}{12}=\dfrac{15}{24}+\dfrac{20}{24}-1\dfrac{10}{24}$

$\qquad\qquad\quad =\dfrac{35}{24}-\dfrac{34}{24}=\dfrac{1}{24}$ (m)

3 (이어 붙인 종이테이프의 길이)

　 ＝(종이테이프 3장의 길이의 합)

　　 －(겹친 부분의 길이의 합)

$=\left(\dfrac{7}{8}+\dfrac{7}{8}+\dfrac{7}{8}\right)-\left(\dfrac{1}{6}+\dfrac{1}{6}\right)$

$=\dfrac{21}{8}-\dfrac{2}{6}=\dfrac{63}{24}-\dfrac{8}{24}=\dfrac{55}{24}=2\dfrac{7}{24}$ (m)

---

4 ・$2\dfrac{1}{3}+\dfrac{1}{6}-1\dfrac{1}{4}=2\dfrac{4}{12}+\dfrac{2}{12}-1\dfrac{3}{12}$

$\qquad\qquad\qquad =2\dfrac{6}{12}-1\dfrac{3}{12}$

$\qquad\qquad\qquad =1\dfrac{3}{12}=1\dfrac{1}{4}$

・$3\dfrac{1}{2}+\dfrac{1}{6}-\dfrac{2}{3}=3\dfrac{3}{6}+\dfrac{1}{6}-\dfrac{4}{6}$

$\qquad\qquad\qquad =3\dfrac{4}{6}-\dfrac{4}{6}=3$

・$4\dfrac{3}{8}-1\dfrac{1}{4}-\dfrac{2}{3}=4\dfrac{9}{24}-1\dfrac{6}{24}-\dfrac{16}{24}$

$\qquad\qquad\qquad =3\dfrac{3}{24}-\dfrac{16}{24}$

$\qquad\qquad\qquad =2\dfrac{27}{24}-\dfrac{16}{24}=2\dfrac{11}{24}$

5 (집에서 학교까지의 거리)

$=1\dfrac{1}{4}+1\dfrac{3}{10}-\dfrac{3}{5}=1\dfrac{5}{20}+1\dfrac{6}{20}-\dfrac{12}{20}$

$\qquad\qquad\quad =2\dfrac{11}{20}-\dfrac{12}{20}$

$\qquad\qquad\quad =1\dfrac{31}{20}-\dfrac{12}{20}$

$\qquad\qquad\quad =1\dfrac{19}{20}=1\dfrac{95}{100}$

$\qquad\qquad\quad =1.95$ (km)

따라서 1.95 km＜1.98 km이므로 슬기는 자전거를 타야 합니다.

3일 **개념·원리 길잡이**   **146**쪽~**147**쪽

활동 문제 146쪽
16, 20, 24

활동 문제 147쪽
❶ 7 cm ❷ 5 cm ❸ 5 cm ❹ 7 cm

활동 문제 146쪽

정사각형이 1개일 때 도형의 둘레: $2\times4=8$ (cm)

정사각형이 2개일 때 도형의 둘레: $2\times6=12$ (cm)

정사각형이 3개일 때 도형의 둘레: $2\times8=16$ (cm)

정사각형이 4개일 때 도형의 둘레: $2\times10=20$ (cm)

정사각형이 5개일 때 도형의 둘레: $2\times12=24$ (cm)

활동 문제 147쪽

❶ $70 \div 10 = 7$ (cm) ❷ $70 \div 14 = 5$ (cm)

❸ $70 \div 14 = 5$ (cm) ❹ $70 \div 10 = 7$ (cm)

3일 서술형 길잡이 독해력 길잡이 **148쪽~149쪽**

1-1 106 cm

1-2 (1) 8 cm (2) 100 cm

1-3 (1) 4 cm (2) 44 cm

2-1 20 cm, 16 cm

2-2 진솔이가 미술 시간에 철사를 잘라 한 변의 길이가 3 cm인 정사각형을 5개 만들었습니다. 진솔이는 이 정사각형을 겹치지 않게 변끼리 이어 붙여 도형을 만들려고 합니다. 만들 수 있는 도형의 둘레가 가장 길 때와 가장 짧을 때 각각 몇 cm인지 구해 보세요.

; 36 cm, 30 cm

2-3 60 cm

1-1 직사각형의 수가 1개씩 늘어날 때마다 직사각형의 가로가 2개씩 늘어나므로 둘레가 10 cm씩 늘어납니다.
따라서 둘레는 $16 + 10 \times 9 = 106$ (cm)입니다.

1-2 직사각형이 1개씩 늘어날 때마다 직사각형의 가로가 2개씩 늘어나므로 둘레가 8 cm씩 늘어납니다.
따라서 둘레는 $12 + 8 \times 11 = 100$ (cm)입니다.

1-3 직사각형이 1개씩 늘어날 때마다 직사각형의 가로가 2개씩 늘어나므로 둘레가 4 cm씩 늘어납니다.
따라서 둘레는 $12 + 4 \times 8 = 44$ (cm)입니다.

2-1 둘레가 가장 길 때:

둘레가 가장 짧을 때:

둘레가 가장 길 때 한 변의 수는 10개입니다.

➡ $2 \times 10 = 20$ (cm)

둘레가 가장 짧을 때 한 변의 수는 8개입니다.

➡ $2 \times 8 = 16$ (cm)

2-2 둘레가 가장 길 때:

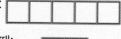

둘레가 가장 짧을 때:

둘레가 가장 길 때 한 변의 수는 12개입니다.

➡ $3 \times 12 = 36$ (cm)

둘레가 가장 짧을 때 한 변의 수는 10개입니다.

➡ $3 \times 10 = 30$ (cm)

2-3 둘레가 가장 짧을 때:

둘레가 가장 짧을 때 한 변의 수는 12개입니다.

➡ $5 \times 12 = 60$ (cm)

3일 사고력·코딩 **150쪽~151쪽**

1 48 cm

2 (위에서부터) 3, 4, 5 ; 3, 4, 5 ; 9, 16, 25 ; 100 cm

3 30 m 4 42 cm

1 (정사각형의 한 변의 길이)$= 16 \div 4 = 4$ (cm)
도형의 둘레에 포함되는 정사각형의 한 변의 수는 12개이므로 둘레는 $4 \times 12 = 48$ (cm)입니다.

2 변의 수가 1개씩 늘어날 때마다 정다각형의 한 변의 길이도 1 cm씩 길어지는 규칙입니다.
➡ (정십각형의 둘레)$= 10 \times 10 = 100$ (cm)

3 (정사각형의 한 변의 길이)$= 72 \div 4 = 18$ (m)
(직사각형의 가로)$= 18 \div 2 = 9$ (m)
(직사각형의 세로)$= 18 \div 3 = 6$ (m)
(직사각형 모양의 땅 둘레)$= (9 + 6) \times 2 = 30$ (m)

4 만들 수 있는 직사각형은 다음과 같습니다.

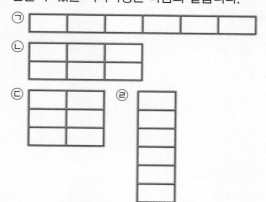

㉠ 가로 12개, 세로 2개
➡ $6 \times 12 + 3 \times 2 = 72 + 6 = 78$ (cm)

㉡ 가로 6개, 세로 4개
➡ $6 \times 6 + 3 \times 4 = 36 + 12 = 48$ (cm)

㉢ 가로 4개, 세로 6개
➡ $6 \times 4 + 3 \times 6 = 24 + 18 = 42$ (cm)

㉣ 가로 2개, 세로 12개
➡ $6 \times 2 + 3 \times 12 = 12 + 36 = 48$ (cm)

따라서 둘레가 가장 짧은 직사각형의 둘레는 42 cm입니다.

4일 개념·원리 길잡이 **152**쪽~**153**쪽

활동 문제 **152**쪽
280000 m^2

활동 문제 **153**쪽
280000 m^2

활동 문제 **152**쪽
길을 제외한 공원 부분을 모으면 가로가 700 m, 세로가 400 m인 직사각형이 됩니다.
➡ (길을 제외한 공원의 넓이)
　$=700 \times 400 = 280000 \text{ (m}^2)$

활동 문제 **153**쪽
길을 제외한 공원 부분을 모으면 윗변과 아랫변이 각각 500 m, 900 m이고 높이가 400 m인 사다리꼴이 됩니다.
➡ (길을 제외한 공원의 넓이)
　$=(500+900) \times 400 \div 2$
　$=280000 \text{ (m}^2)$

4일 서술형 길잡이 독해력 길잡이 **154**쪽~**155**쪽

1-1 90 cm^2
1-2 (1) 직사각형 (2) 345 cm^2
1-3 (1) 평행사변형 (2) 77 cm^2
2-1 60000 m^2
2-2
┌─────────────────────────────────────┐
│ 가로가 210 m, 세로가 280 m인 직사각형 모양의 잔디밭에 다음과 같이 길을 만들려 │
│ 고 합니다. 길을 제외한 잔디밭의 넓이는 몇 m²인지 구해 보세요. │
│ │
│ 　　210 m　10 m │
│ │
│ 　　　　　　　　　280 m │
│ │
│ 　　10 m │
└─────────────────────────────────────┘
　; 56000 m^2
2-3 8100 m^2

1-1 색칠한 부분을 모으면 가로가 15 cm, 세로가 6 cm인 직사각형이 됩니다.
　따라서 넓이는 $15 \times 6 = 90 \text{ (cm}^2)$입니다.
1-2 (1) 색칠한 부분을 모으면 가로가 23 cm, 세로가 15 cm인 직사각형이 됩니다.
　(2) $23 \times 15 = 345 \text{ (cm}^2)$
1-3 (1) 색칠한 부분을 모으면 밑변의 길이가 11 cm, 높이가 7 cm인 평행사변형이 됩니다.
　(2) $11 \times 7 = 77 \text{ (cm}^2)$

2-1 길을 제외한 잔디밭을 모으면 가로가 300 m, 세로가 200 m인 직사각형이 됩니다.
　(잔디밭의 넓이)$=300 \times 200 = 60000 \text{ (m}^2)$
2-2 길을 제외한 잔디밭을 모으면 가로가 200 m, 세로가 280 m인 직사각형이 됩니다.
　(잔디밭의 넓이)$=200 \times 280 = 56000 \text{ (m}^2)$
2-3 길을 제외한 잔디밭을 모으면 윗변의 길이가 110 m, 아랫변의 길이가 160 m, 높이가 60 m인 사다리꼴이 됩니다.
　(잔디밭의 넓이)$=(110+160) \times 60 \div 2$
　　　　　　　　$=270 \times 60 \div 2 = 8100 \text{ (m}^2)$

4일 사고력·코딩 **156**쪽~**157**쪽

1 16 cm　　　**2** 468 cm^2
3 120 m^2　　**4** 42 cm^2

1 (마름모의 넓이)$=24 \times 20 \div 2 = 240 \text{ (cm}^2)$
　(직사각형의 가로)
　$=$(직사각형의 넓이)$\div$(직사각형의 세로)
　$=240 \div 15 = 16 \text{ (cm)}$
2 색칠한 부분을 모두 모으면 가로가 26 cm, 세로가 18 cm인 직사각형이 됩니다.
　(색칠한 부분의 넓이)$=26 \times 18 = 468 \text{ (cm}^2)$
3 (정원의 한 변의 길이)$=48 \div 4 = 12 \text{ (m)}$
　길을 제외한 부분을 하나의 도형으로 만들면 한 변이 10 m, 다른 한 변이 12 m인 직사각형이 됩니다.
　(길을 제외한 정원의 넓이)$=12 \times 10 = 120 \text{ (m}^2)$

┌─ 다른 풀이 ─────────────────────────┐
│ 정원은 한 변의 길이가 12 m인 정사각형이므로 넓이 │
│ 는 $12 \times 12 = 144 \text{ (m}^2)$이고, 길의 넓이는 │
│ $2 \times 12 = 24 \text{ (m}^2)$이므로 길을 제외한 정원의 넓이는 │
│ $144 - 24 = 120 \text{ (m}^2)$입니다. │
└─────────────────────────────────────┘

4 자른 후 두 조각을 모으면 사다리꼴이 됩니다.
　사다리꼴의 높이를 $\square$ cm라 하면 사다리꼴의 넓이는
　$(24+32) \times \square \div 2 = 5880$이므로 $56 \times \square \div 2 = 588$,
　$56 \times \square = 1176$, $\square = 21$입니다.
　따라서 가운데 조각 색종이는 밑변의 길이가 2 cm, 높이가 21 cm인 평행사변형이므로 넓이는
　$2 \times 21 = 42 \text{ (cm}^2)$입니다.

정답
및
해설

5일 [개념·원리] 길잡이   **158**쪽~**159**쪽

[활동] [문제] **158**쪽
7, 3, 18, 7, 5, 30 ; 48 m²

[활동] [문제] **159**쪽
20, 600, 8, 24 ; 576 m²

[활동] [문제] **158**쪽
사다리꼴 2개로 나누어 넓이를 구합니다.
(왼쪽 사다리꼴의 넓이)$=(5+7)\times 3\div 2=18$ (m²)
(오른쪽 사다리꼴의 넓이)$=(5+7)\times 5\div 2=30$ (m²)
(땅의 넓이)$=18+30=48$ (m²)

[활동] [문제] **159**쪽
삼각형을 더해 직사각형을 만듭니다.
(직사각형의 넓이)$=30\times 20=600$ (m²)
(삼각형의 넓이)$=6\times 8\div 2=24$ (m²)
(땅의 넓이)$=600-24=576$ (m²)

5일 [서술형] 길잡이 [독해력] 길잡이   **160**쪽~**161**쪽

1-1 68 cm²
1-2 (1) 64 cm² (2) 3 cm² (3) 64, 3, 61
2-1 72 cm²
2-2
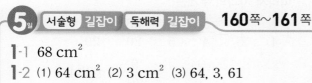
혜수는 다음과 같은 모양의 종이를 둘로 나누었습니다. 나눈 종이 중 가장 짧은 밑변이 있는 사다리꼴 모양 종이의 넓이가 20 cm²일 때 전체 종이의 넓이를 구해 보세요.
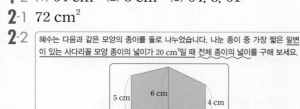
; 42 cm²
2-3 15 cm²

1-1 $12\times 6-2\times 2=72-4=68$ (cm²)
1-2 (1) $8\times 8=64$ (cm²)
   (2) $1\times 3=3$ (cm²)
2-1 삼각형의 높이를 □ cm라 하면 $6\times □\div 2=27$,
   $6\times □=54$, □=9입니다.
   (전체 종이의 넓이)$=(6+10)\times 9\div 2=72$ (cm²)
2-2 오른쪽 사다리꼴의 밑변의 길이가 더 짧습니다. 오른쪽
   사다리꼴의 높이를 □ cm라 하면
   $(4+6)\times □\div 2=20$, $10\times □=40$, □=4입니다.
   왼쪽 사다리꼴의 높이는 $8-4=4$ (cm)이므로 넓이
   는 $(5+6)\times 4\div 2=22$ (cm²)입니다.
   → $20+22=42$ (cm²)

2-3 직각삼각형의 높이를 □ cm라 하면 $2\times □\div 2=6$,
   $2\times □=12$, □=6입니다.
   다른 삼각형의 넓이는 $6\times 3\div 2=9$ (cm²)입니다.
   → $6+9=15$ (cm²)

5일 [사고력·코딩]   **162**쪽~**163**쪽

1 (1) 45, 28, 73   (2) 81, 8, 73
2 ㉡   **3** 48 cm²
4 320 cm²

2 ㉠ (삼각형의 넓이)$=6\times 2\div 2=6$ (cm²)
    (사다리꼴의 넓이)$=(6+3)\times 2\div 2=9$ (cm²)
    → $6+9=15$ (cm²)
  ㉡ (직사각형의 넓이)$=7\times 4=28$ (cm²)
    (삼각형의 넓이)$=2\times 2\div 2=2$ (cm²)
    → $28-2=26$ (cm²)
따라서 ㉡의 넓이가 더 넓습니다.

3 펼쳤을 때의 모양은 그림과 같습니다.
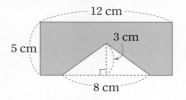
(직사각형의 넓이)$=12\times 5=60$ (cm²)
(삼각형의 넓이)$=8\times 3\div 2=12$ (cm²)
(남은 색종이의 넓이)$=60-12=48$ (cm²)

4
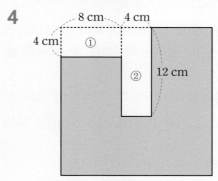
(큰 정사각형의 넓이)$=20\times 20=400$ (cm²)
①의 넓이: $8\times 4=32$ (cm²)
②의 넓이: $4\times 12=48$ (cm²)
→ (색칠한 부분의 넓이)$=400-32-48=320$ (cm²)

1

2 30 cm², 18 cm², 20 cm², 20 cm²

3 24 cm² **4** 42 cm²

5 18 cm² **6** 160 cm²

7 25×45＝1125 ; 1125 cm²

8 460×80÷2＝18400 ; 18400 cm²

9 120 cm² **10** 20 cm² **11** 16, 6

1 · 9×7＝63 (cm²)

· 6×7÷2＝21 (cm²)

· (7＋11)×8÷2＝72 (cm²)

· 10×9÷2＝45 (cm²)

2 · 5×6＝30 (cm²)

· 6×6÷2＝18 (cm²)

· 8×8÷2－8×3÷2＝32－12＝20 (cm²)

· (5＋3)×5÷2＝20 (cm²)

3 (평행사변형의 넓이)＝6×4＝24 (cm²)

4 윗변의 길이는 10－3－3＝4 (cm)이므로 넓이는

(4＋10)×6÷2＝14×6÷2＝84÷2＝42 (cm²)

입니다.

5 (사다리꼴의 넓이)＝(3＋6)×4÷2＝9×4÷2

＝36÷2＝18 (cm²)

6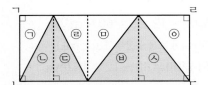

㉠과 ㉡, ㉢과 ㉣, ㉤과 ㉥의 넓이가 각각 같으므로

(㉡＋㉢＋㉥＋㉦)의 넓이는 직사각형 ㄱㄴㄷㄹ의 넓

이의 반입니다.

따라서 직사각형의 넓이는 80×2＝160 (cm²)입니다.

9 흰색 부분을 모으면 가로 15 cm, 세로 8 cm인 직사

각형이 됩니다.

따라서 넓이는 15×8＝120 (cm²)입니다.

11 · ①: 4×4÷2＝8 (cm²) ②: 4×4÷2＝8 (cm²)

➡ 8＋8＝16 (cm²)

· ⑤: 2×2＝4 (cm²) ⑥: 2×2÷2＝2 (cm²)

➡ 4＋2＝6 (cm²)

1 $\frac{11}{16}$ **2** $\frac{2}{3}$ **3** $\frac{9}{20}$ kg

4 12 cm **5** $1\frac{1}{4}$ km **6** 176 cm²

7 132 cm²

1 $\square = \frac{1}{2} + \frac{1}{4} - \frac{1}{16} = \frac{8}{16} + \frac{4}{16} - \frac{1}{16}$

$= \frac{12}{16} - \frac{1}{16} = \frac{11}{16}$

2 $\square = \frac{1}{2} - \frac{1}{6} + \frac{1}{3} = \frac{3}{6} - \frac{1}{6} + \frac{2}{6}$

$= \frac{2}{6} + \frac{2}{6} = \frac{4}{6} = \frac{2}{3}$

3 배 2개의 무게는 $\frac{2}{5} + \frac{2}{5} = \frac{4}{5}$ (kg)입니다.

따라서 사과의 무게는

$1\frac{1}{4} - \frac{4}{5} = \frac{5}{4} - \frac{4}{5} = \frac{25}{20} - \frac{16}{20}$

$= \frac{9}{20}$ (kg)입니다.

4 정사각형이 1개일 때 둘레는 1×4＝4 (cm)이고 정

사각형을 1개씩 이어 붙일 때마다 둘레가 2 cm씩 늘

어납니다.

따라서 정사각형이 5개일 때 둘레는

4＋2×4＝12 (cm)입니다.

5 놀이터에서 도서관까지의 거리와 우체국에서 경찰서까

지의 거리를 더한 후에 우체국에서 도서관까지의 거리

를 뺍니다.

$\frac{3}{4} + \frac{2}{3} - \frac{1}{6} = \frac{9}{12} + \frac{8}{12} - \frac{2}{12} = \frac{17}{12} - \frac{2}{12}$

$= \frac{15}{12} = 1\frac{3}{12} = 1\frac{1}{4}$ (km)

6 색칠한 부분을 하나로 모으면 가로가 16 cm, 세로가

11 cm인 직사각형이 됩니다.

색칠한 부분의 넓이: 16×11＝176 (cm²)

7 큰 직사각형의 넓이에서 작은 직사각형의 넓이를 뺍니다.

(큰 직사각형의 넓이)＝16×9＝144 (cm²)

(작은 직사각형의 넓이)＝4×3＝12 (cm²)

색칠한 부분의 넓이는 144－12＝132 (cm²)입니다.

정답은
이안에
있어 !

기초 학습능력 강화 프로그램
매일 조금씩 공부력 UP!

하루 독해   하루 어휘   하루 VOCA

하루 수학   하루 계산   하루 도형   하루 사고력

과목	교재 구성	과목	교재 구성
하루 수학	1~6학년 1·2학기 12권	하루 사고력	1~6학년 A·B단계 12권
하루 VOCA	3~6학년 A·B단계 8권	하루 글쓰기	1~6학년 A·B단계 12권
하루 사회	3~6학년 1·2학기 8권	하루 한자	1~6학년 A·B단계 12권
하루 과학	3~6학년 1·2학기 8권	하루 어휘	예비초~6학년 1~6단계 6권
하루 도형	1~6단계 6권	하루 독해	예비초~6학년 A·B단계 12권
하루 계산	1~6학년 A·B단계 12권		

※ 각 교재별 출간 시기는 조금씩 다릅니다.

배움으로 행복한 내일을 꿈꾸는
천재교육 커뮤니티 안내 · · ·

 교재 안내부터 구매까지 한 번에!
천재교육 홈페이지

천재교육 홈페이지에서는 자사가 발행하는 참고서,
교과서에 대한 소개는 물론 도서 구매도 할 수 있습니다.
회원에게 지급되는 별을 모아 다양한 상품 응모에도
도전해 보세요.

 구독, 좋아요는 필수! 핵유용 정보 가득한
천재교육 유튜브 <천재TV>

신간에 대한 자세한 정보가 궁금하세요?
참고서를 어떻게 활용해야 할지 고민인가요?
공부 외 다양한 고민을 해결해 줄 채널이 필요한가요?
학생들에게 꼭 필요한 콘텐츠로 가득한 천재TV로 놀러 오세요!

 다양한 교육 꿀팁에 깜짝 이벤트는 덤!
천재교육 인스타그램

천재교육의 새롭고 중요한 소식을 가장 먼저 접하고 싶다면?
천재교육 인스타그램 팔로우가 필수!
누구보다 빠르고 재미있게 천재교육의 소식을 전달합니다.
깜짝 이벤트도 수시로 진행되니 놓치지 마세요!